"创新设计思维"

数字媒体与艺术设计类新形态丛书

U0688901

案例学 AIGC+

After Effects

影视后期合成与特效制作

微|课|版

肖琴 何帅◎主编

吴瑛 李强◎副主编

人民邮电出版社

北 京

图书在版编目（CIP）数据

案例学 AIGC+After Effects 影视后期合成与特效制作：微课版 / 肖琴，何帅主编. -- 北京：人民邮电出版社，2025. --（"创新设计思维"数字媒体与艺术设计类新形态丛书）. -- ISBN 978-7-115-66439-6

Ⅰ. TP391.413

中国国家版本馆 CIP 数据核字第 2025UF8297 号

内 容 提 要

本书是一本全面、系统讲解影视后期合成与特效制作的案例教程，精心设计"本章导读→学习目标→学习引导→行业知识→实战案例→拓展训练→AI 辅助设计→课后练习"的框架结构，以 After Effects 为核心工具，并结合 AI 技术进行辅助设计，旨在培养读者的设计思维，强化读者的综合制作能力。

全书共 10 章。第 1 章为影视后期合成与特效制作基础知识；第 2 章为 After Effects 基础知识；第 3～9 章分别讲解影视包装制作、影视广告制作、短视频制作、合成特效制作、光效与粒子特效制作、三维特效制作、跟踪特效制作的行业知识和实战案例；第 10 章为综合案例，帮助读者巩固不同类型项目的制作方法和规范，提升影视后期合成与特效制作水平和实际应用能力。

本书直观易懂、理实结合，可作为本科院校和职业院校影视后期类课程的教材，也可作为影视后期合成与特效制作初学者、爱好者、相关从业人员的参书。

◆ 主　　编　肖　琴　何　帅
　　副主编　吴　瑛　李　强
　　责任编辑　张　蒙
　　责任印制　胡　南

◆ 人民邮电出版社出版发行　　北京市丰台区成寿寺路 11 号
　　邮编　100164　电子邮件　315@ptpress.com.cn
　　网址　https://www.ptpress.com.cn
　　临西县阅读时光印刷有限公司印刷

◆ 开本：787×1092　1/16
　　印张：14　　　　　　　　　　　2025 年 5 月第 1 版
　　字数：331 千字　　　　　　　　2025 年 5 月河北第 1 次印刷

定价：79.80 元

读者服务热线：(010)81055256　印装质量热线：(010)81055316
反盗版热线：(010)81055315

PREFACE
前言

影视后期合成与特效制作是影视作品制作流程中至关重要的环节，在影视、广告、教育等行业都有重要的应用，可提升视频的视觉吸引力与艺术性。随着科学技术的发展，影视后期合成与特效制作的技术不断推陈出新，特别是人工智能（Artificial Intelligence，AI）技术的发展为影视后期合成与特效制作带来了更多的可能性。在此背景下，制作人员唯有不断学习、实践与创新，才能紧跟时代的步伐，实现科技与艺术的相互结合，创作出更好的视频作品。

基于此，我们编写了本书。本书以行业需求为导向，以培养德技双馨的高技术人才为目标，充分践行党的二十大提出的"完善科技创新体系"，力求通过丰富的行业知识和实战案例，引导读者掌握影视后期合成与特效制作的技能，不断寻求创新与突破，更好地提升专业水平，成为创新型、技能型人才。

本书特色

● **学习目标+学习引导，轻松指明学习方向。** 本书每章从知识目标、技能目标和素养目标3个方面，帮助读者厘清学习思路。同时，本书设置的学习引导，可引导读者高效预习，明确该章内容及重难点知识，科学提炼学习方法和技能要点，激发读者的学习兴趣。

● **行业知识+实战案例，深入理解行业应用。** 本书涵盖影视包装、影视广告、短视频、特效制作（包括合成特效、光效与粒子特效、三维特效、跟踪特效）等领域，以行业理论知识引导读者学习，按照"案例背景→设计思路→操作要点→步骤详解"的流程，让读者深入体验商业案例的具体制作过程，充分理解并掌握行业项目的具体设计与制作方法。

● **After Effects +AI设计工具，结合科技高效创新。** 本书以影视后期合成与特效制作中广泛应用的After Effects 2024为制作工具，充分考虑After Effects的功能和操作的难易程度，在案例中归纳操作要点，并提供操作视频，还附有After Effects操作教程电子书二维码，供读者扫码自学、巩固软件操作技巧。本书紧跟行业前沿设计趋势，讲解常用AI工具的使用方法，并提供商业案例的制作示例，让读者实际体会AI工具在影视后期合成与特效制作中的辅助应用，从而拓展读者的设计思维，提升读者的创新能力。

● **拓展训练+课后练习，巩固并强化影视后期合成与特效制作能力。** 本书通过拓展训练和课后练习帮助读者巩固本章所学知识点，提升影视后期合成与特效制作能力。拓展训练提供完整的实训要求，并展示操作思路，让读者能够举一反三、同步训练；课后练习通过填空题、选择题、操作题等多种题型，进一步锻炼读者的知识应用能力。

● **设计思维+技能提升+素养培养，培养高素质专业型人才。** 本书在正文讲解中不仅适当融入"设计大讲堂"栏目，介绍设计规范、设计理念、设计思维、设计趋势、前沿信息技术等，培养读者的设计思维，提升其专业能力；还适当融入"操作小贴士"栏目，提升读者的软件操作水平。此外，实战案例在考虑商业性的情况下，还融入了传统文化、开拓创新等元素，旨在培养读者的文化自信，使其成长为技能型、创新型人才。

▌资源支持

本书赠送丰富的配套资源和拓展资源，读者可使用手机扫描书中的二维码获取对应资源，也可登录人邮教育社区（www.ryjiaoyu.com）获取相关资源。

本书提供的所有案例素材和效果文件均以案例名称命名，并归类至对应文件夹，便于读者查找和使用。

编者
2025年3月

CONTENTS

目录

第9章

第10章

第 **1** 章

影视后期合成与特效制作基础知识

影视媒体是当下极为流行且富有影响力的媒体形式，无论是电影作品所构建的奇幻世界、关注现实生活的电视新闻，还是随处可见的影视广告，都深刻地影响着人们的生活。随着科技的发展，影视后期合成与特效制作技术也在不断发展，影视创作变得更加简单、容易。

学习目标

▶ **知识目标**

◎ 掌握影视后期合成与特效制作的含义、工作流程和发展趋势。
◎ 熟悉影视后期合成与特效制作的常用术语。
◎ 掌握影视后期合成与特效制作的技巧。
◎ 熟悉影视后期合成与特效制作的应用领域。

▶ **技能目标**

◎ 能够分辨视频画面的不同景别。
◎ 能够分辨视频画面的不同镜头类型。

▶ **素养目标**

◎ 保持学习热情，培养良好的学习态度和学习习惯。
◎ 主动学习新知识，加深对影视后期合成与特效制作的认识。

STEP 1　相关知识学习　　　　　　　　建议学时：___2___学时

课前预习
1. 扫码了解影视后期的发展历程，建立对影视后期的基本认识。
2. 搜索并欣赏不同类型的影视作品，加深对影视后期合成与特效制作的理解。

课前预习

课堂讲解
1. 影视后期合成与特效制作基础和应用领域。
2. 影视后期合成与特效制作常用术语和技巧。

重点难点
1. 学习重点：影视后期合成与特效制作的工作流程、帧与帧速率、像素与分辨率、视频常见格式。
2. 学习难点：不同景别和镜头的特点、后期合成技巧、特效制作技巧。

STEP 2　技能巩固与提升　　　　　　　　建议学时：___1___学时

课后练习
通过填空题、选择题巩固基础知识，通过分析题提升辨别景别和镜头类型的能力。

1.1　影视后期合成与特效制作基础

　　影视后期合成与特效制作是影视创作中较为重要的两个环节，它们相互配合，共同为影视作品增添丰富的视觉层次，使影视作品更加精彩，也为影视行业的发展带来更多的可能性和机遇。

1.1.1　影视后期合成与特效制作的含义

　　影视后期合成侧重于将多种素材拼接与混合在一起，而特效制作则侧重于为影视作品增添特殊的视觉效果。

● 影视后期合成。影视后期合成是指通过各种方法将多种素材混合成单一复合画面的处理过程。这一过程主要依赖于先进的计算机图像学原理和方法，涉及将拍摄或制作的多种源素材（如视频片段、图像、音频等）采集到计算机中，然后利用后期合成软件进行艺术处理，最终将它们混合成一个复合的画面，并渲染输出为完整的视频。

● 特效制作。特效制作是指运用先进的计算机图形技术和算法，为视频画面制作在现实中难以实现或拍摄成本过高的视觉效果。

1.1.2　影视后期合成与特效制作的工作流程

为了更加系统地规划和执行影视后期合成与特效制作任务，制作人员需要根据作品需求厘清制作思路，明确制作流程，确保每一个制作环节都能达到预期效果。

1. 前期准备

在制作之前需要先明确影视作品的制作目的和受众群体，了解其用途、主题、风格以及所传达的信息，确定哪些场景需要添加特效及特效的具体效果，以便获得清晰的思路。此外，还可以在互联网中查阅相关的影视作品，分析和参考其剪辑技巧、特效、色彩等，提炼出值得借鉴的元素。

2. 收集和整理素材

影视后期合成与特效制作中常见的素材主要有音频、视频、文本、图像、三维素材（如模型、摄像机、灯光等）等类型，制作人员可以通过客户提供、网络收集、自行制作等方式收集素材，然后按照不同类型进行分类管理。

- 客户提供。从客户处获得影视作品中需要的文本、图像、音频和视频等素材。
- 网络收集。在互联网上通过各种资源网站收集图像、音频、视频、三维素材等，在使用这些素材时要注意版权问题，避免侵犯他人作品权益。
- 自行制作。为制作出更符合实际需求的影视作品，可以根据实际情况自行拍摄图像和视频素材、录制音频素材，以及通过建模与渲染制作三维素材等。

3. 合成视频

合成视频是指将整理后的视频和图像素材按照剪辑思路归纳和剪切，删除不需要的内容，并重新组合素材，使视频内容更符合实际需求。另外，还可以通过添加过渡效果、调整视频色彩等操作，使合成效果更加自然。

4. 制作特效

根据部分画面的需求，需要制作各种类型的特效，这些特效既可以用于增强现实世界中的效果，如火焰、水流、爆炸等；也可以用于呈现完全虚构的内容，如外星生物、魔法效果、奇幻场景等。在制作时要确保特效与视频内容自然融合，避免突兀和不协调的情况出现，使影视作品更具吸引力和表现力。

5. 添加字幕和音频

添加字幕可以丰富视频内容，添加背景音乐、配音和音效等音频可以增强视频画面的表现力、渲染气氛。

6. 导出视频

完成前面的操作后，一个完整的影视作品基本上就制作完成了。此时应将其导出为易于多媒体设备播放与传播的视频文件，以便让更多受众看到该作品。需要注意的是，在导出前务必先保存源文件，以便后续再度使用或修改。

1.1.3 影视后期合成与特效制作的工具

随着科技的不断发展，用于影视后期合成与特效制作的工具层出不穷，它们以各自独特的功能吸引着广大制作人员。

- **Adobe After Effects**。Adobe After Effects（后文简称After Effects）是由Adobe公司开发的一款专业的图形视频处理软件，集视频剪辑、视频合成、特效制作、动画制作等功能于一体。

- **Adobe Premiere Pro**。Adobe Premiere Pro 是由Adobe公司开发的一款视频编辑软件，因强大的视频编辑功能受到很多视频编辑爱好者和影视作品制作人员的青睐。

- **Cinema 4D**。Cinema 4D是由Maxon Computer公司开发的一款强大的三维建模、动画和渲染软件，为影视作品中的场景构建、角色设计等需求提供了强有力的支持。它还具备强大的物理引擎和模拟功能，能够制作出逼真的爆炸、火焰、水流等特效。

- **NUKE**。NUKE 是由The Foundry公司研发的数码节点式的视觉特效与合成软件，其强大的节点式合成、高级视觉效果制作、三维渲染与集成等功能为制作人员提供了丰富的技术支持。

- **剪映**。剪映是抖音官方推出的一款视频编辑工具，具备全面的剪辑功能，如切割、变速、倒放，还有转场、贴纸、变声、滤镜和美颜等多种效果，以及丰富的音乐资源，版本有Android版、iOS版、Windows版、macOS版，支持多系统、多平台。

- **AI工具**。AI是研究、开发用于模拟和扩展人类智能的理论、方法、技术及应用系统的学科，在影视后期合成与特效制作中的应用日益广泛，极大地提升了制作效率与质量。制作人员可以利用AI对话工具获取灵感、分析受众需求、生成文案、分析特效特点等；利用AI思维导图工具快速生成和整理创意构思，形成清晰的制作方案；利用AI图像工具高效生成与处理图像素材等；利用AI视频工具轻松生成视频或特效素材、去除视频背景、生成数字人播报等；利用AI音频工具自行制作语音、背景音乐和音效等音频素材，还可以降低或消除视频、音频素材中的环境噪声，以及提高音频的清晰度和质量等。

1.1.4 影视后期合成与特效制作的发展趋势

基于技术、工具的支持以及创新需求，影视后期合成与特效制作正在不断突破传统的创作边界，为受众提供更丰富、更个性化的体验，呈现出形式多元化、画面精细化、操作智能化的发展趋势。

- **形式多元化**。随着时代的发展，除了传统的电影、电视剧外，影视领域还涌现出了网剧、微电影、短视频、互动剧、微短剧等多种新型表现形式，这些形式更适应现代人快节奏的生活方式和碎片化的信息接收习惯。

- **画面精细化**。随着超高清技术的普及，影视后期合成与特效制作也向清晰度更高的方向发展。现在影视作品具有更丰富的色彩和对比度，画面质量和受众的视觉体验进一步提升。另外，数字化技术使得创建逼真的数字角色和场景成为可能，如通过精细的建模、贴图和动画技术等制作出逼真的视频画面效果。

● 操作智能化。AI工具可以辅助制作人员完成许多烦琐、重复的工作，还能够从大量影视作品中学习和提取特征，为制作人员提供更丰富的参考信息，使影视后期合成与特效制作过程更加智能化，从而提升设计效率。

1.2 影视后期合成与特效制作的常用术语

为了更好地理解和掌握影视后期合成与特效制作的精髓，制作人员需要先熟悉常用术语。

1.2.1 帧与帧速率

帧是视频制作的重要概念，它是视频中最小的时间单位，相当于电影胶片上的每一格镜头，一帧就是一个静止的画面，而播放连续的多帧就能形成动态效果。

帧速率则是指视频画面每秒传输的帧数，以帧/秒为单位，如24帧/秒代表在一秒内播放24帧。一般来说，帧速率越大，播放的视频画面越流畅，但同时视频文件也会越大，进而影响到后期编辑、渲染以及视频的导出等环节。视频中常见的帧速率主要有23.976帧/秒、24帧/秒、25帧/秒、29.97帧/秒和30帧/秒。

1.2.2 像素与分辨率

像素与分辨率可以影响视频画面的成像质量，在影视后期合成与特效制作时需要根据实际需求进行设置。其中，像素是构成画面的最小单位，而分辨率是画面在单位长度内包含的像素数量，其表示方法为"画面横向的像素数量×纵向的像素数量"，如1920（宽）×1080（高）的分辨率就表示画面中共有1080条水平线，且每一条水平线上都包含1920个像素。

像素和分辨率对画面的影响较大，更高的分辨率意味着更高的像素密度，画面也就更加清晰。在影视作品中，高分辨率的画面可以提供更多的细节和更好的色彩效果，但也会导致文件变得更大，从而增加存储和传输成本。

需要注意的是，如果显示器或其他数字媒体设备无法支持高分辨率，则画面可能会失真或模糊。因此，在选择分辨率时，需要综合考虑设备能力、存储和传输需求以及所需画面质量等因素。目前，影视作品中常用的分辨率有1280像素×720像素、1920像素×1080像素和4096像素×2160像素。

1.2.3 时间码

时间码是指摄像机在记录图像信号（图像信号是描述图像信息的物理量，在计算机或手机等设备中显示图像或视频时，需要用图像信号来携带所有视觉信息，如亮度、颜色等）时，为每一幅图像（即视频画面）的出现时间设置的时间编码。时间码以"小时:分钟:秒钟:帧数"的形式确定每一帧的位置，以数字表示小时、分钟、秒钟和帧数，如00:01:15:14表示1分钟

15秒14帧。需要注意的是，当视频的帧速率不同时，时间码中帧数的取值范围也会不同。例如，帧速率为30帧/秒时，帧数的取值范围为00～29；帧速率为25帧/秒时，帧数的取值范围为00～24。

1.2.4 视频扫描方式

视频扫描方式是指视频显示设备（如电视机、计算机显示器等）在显示视频画面时，电子束（一束由电子组成的粒子流）按照一定的顺序和规律在屏幕上进行扫描的方式。它能够影响视频画面的稳定性和清晰度，主要有隔行扫描和逐行扫描两种类型。

- 隔行扫描。隔行扫描的每一帧都由两个场组成：一个是奇场，指帧的全部奇数场，又称为上场；另一个是偶场，指帧的全部偶数场，又称为下场。场以水平分隔线的方式隔行保存帧的内容，在显示视频画面时会先显示第1个场的交错间隔内容，再显示第2个场，让第2个场的内容填充第1个场留下的缝隙，如图1-1所示。隔行扫描虽然可以减少传输的数据量，但可能会造成画面闪烁，或画面中的移动物体出现残影等问题。

 +  =

图1-1　隔行扫描

- 逐行扫描。逐行扫描会同时显示视频画面中每帧的所有像素，然后从显示设备的左上角一行接一行地扫描到右下角，扫描一遍便可显示一幅完整的图像，即无场，如图1-2所示。逐行扫描的优点是画面清晰、稳定，且没有闪烁感，特别适合展示快速移动的画面。

图1-2　逐行扫描

1.2.5 视频制式

视频制式是指一个国家或地区播放节目时，用于显示电视图像或声音信号的技术标准，主要有NTSC制式、PAL制式和SECAM制式3种。不同的视频制式具有不同的基准频率、帧速率等标准。

- **NTSC制式**。NTSC（National Television System Committee，国家电视制式委员会）制式是北美、日本等地区或国家使用的一种视频制式，它使用60Hz的交流电作为基准频率，帧速率为30帧/秒。
- **PAL制式**。PAL（Phase Alteration Line，改变线路）制式是欧洲、澳大利亚等地区或国家使用的一种视频制式，它使用50Hz的交流电作为基准频率，帧速率为25帧/秒。
- **SECAM制式**。SECAM（Sequential Color and Memory System，按顺序传送彩色与存储）制式是法国、俄罗斯等国家或地区使用的一种视频制式，它使用50Hz的交流电作为基准频率，帧速率为25帧/秒。

1.2.6 视频压缩方式

由于视频占用的空间较大，存储不便，因此制作人员可在遵循视频压缩标准的前提下压缩视频，解决以上问题带来的不便。压缩视频可采用以下两种方式。

- **无损压缩**。无损意为"不丢失数据"，一个文件无损压缩后比原文件小，但解压之后原文件的全部数据仍然存在，即使用无损压缩可以反复压缩文件且不会丢失任何数据。
- **有损压缩**。采用有损压缩会丢弃一些人眼和人耳不敏感的图像和音频信息，而且丢失的这些信息不能恢复，但压缩得到的文件会很小。

1.2.7 视频常见格式

在影视后期合成与特效制作中，制作人员可能会使用到各种格式的视频文件，因此有必要了解一些常见视频格式的特点，以便更好地存储与输出文件。

- **MP4格式**。MP4格式是一种标准的数字多媒体容器格式，文件的后缀名为".mp4"。该格式用于存储数字音频及数字视频，也可以存储字幕和静态图像。
- **AVI格式**。AVI格式是一种音频和视频交错的视频文件格式，文件的后缀名为".avi"。该格式将音频和视频数据包含在一个文件容器中，并允许音视频同步回放，常用于保存电视、电影等各种影像信息。
- **MPEG格式**。MPEG格式是包含MPEG-1、MPEG-2和MPEG-4在内的多种视频格式的统一标准，文件的后缀名为".mpeg"。其中MPEG-1和MPEG-2属于早期使用的第一代数据压缩编码技术，MPEG-4则是基于第二代压缩编码技术制定的国际标准，以视听媒体对象为基本单元，采用基于内容的压缩编码，以实现数字视音频、图形合成应用，以及交互式多媒体的集成。
- **WMV格式**。WMV格式是Microsoft公司开发的一系列视频编解码和其相关视频编码格式的统称，文件的后缀名为".wmv"。该视频格式是一种有损压缩格式，可以将视频文件的大小压缩至原来的二分之一。
- **MOV格式**。MOV格式是由Apple公司开发的QuickTime播放器所生成的视频格式，文件的后缀名为".mov"。该格式具有领先的集成压缩技术，提供150多种视频效果。

● **FLV格式**。FLV格式是一种网络视频格式，文件的后缀名为".flv"，主要用作流媒体。FLV格式具有文件极小、加载速度极快以及便于网络传播的优点。

● **MKV格式**。MKV格式是一种多媒体封装格式，文件的后缀名为".mkv"，这个封装格式能够在一个文件中容纳无限数量的视频、音频、图片和字幕轨道。

1.3 影视后期合成与特效制作的技巧

在进行影视后期合成与特效制作之前，制作人员可先熟悉不同景别和镜头的特点，了解画面合成和特效制作的技巧。掌握这些知识后，将它们灵活地运用到实际创作中，可提升影视作品的整体质量。

1.3.1 景别的运用

景别是指由于摄像设备与被摄对象的距离不同，而造成被摄对象在视频画面中所呈现出范围大小的区别。按照被摄对象在视频画面中所占比例的大小，可将景别分为远景、全景、中景、近景和特写5种类型。如果被摄对象是人，则以画面中显示人体部位的多少为标准划分景别，如图1-3所示。

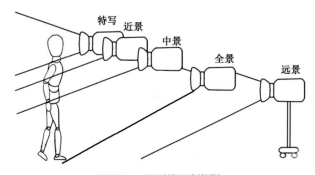

图1-3　景别的5种类型

在影视作品中，常利用不同景别的特点，有效增强视频画面的叙事能力，精准地引导受众视线，促进故事情节的发展，以及提升影视作品的专业度和感染力。

1. 远景

远景用于表现环境全貌，如人物整体及其周围广阔的空间环境、自然景色和人群活动大场面等，如图1-4所示。远景的视野非常宽广，以场景为主要对象，画面着重展现整体效果，在影视作品中常用于交代环境背景，或作为转场过渡。

远景可分为大远景和远景（狭义）。大远景通常展示风景全貌，人物非常渺小或不出现，以表现宏大、深远的叙事背景，或交代事件发生或人物活动的环境，其视频画面通常是宏大的自然景观；远景（狭义）相较于大远景，人物在画面中会更加明显，但整体占比仍然较小，画面中的环境仍然占比较大，常用于表现大规模的人物活动。

图1-4　远景

2. 全景

全景用于表现场景的全貌或人物的全身（包括体型、衣着打扮等），可以交代与说明在一个相对窄小的活动场景里人与人、人与周围环境的关系，如图1-5所示。

图1-5　全景

3. 中景

中景用于表现人物膝盖以上或半身的视频画面或场景局部，如图1-6所示，重在表现人物的上身动作，环境处于次要地位。中景能细致地展示情节发展状况、表达人物情绪和营造氛围，具有较强的叙事能力。视频中表现人物的身份、动作及动作目的，表达多人之间关系的镜头，以及包含对话、动作和交流的场景都可以采用中景。

图1-6　中景

4. 近景

近景用于表现人物胸部以上的视频画面或场景中特定元素的全貌，如图1-7所示。由于近景视频画面中人物或特定元素的占比足够大，细节比较清晰，所以有利于表现人物的表情状态或上半身动作，适用于表达人物的内心世界和刻画人物性格。

图1-7　近景

5. 特写

特写用于表现视频画面中人物或物体的一个非常小的区域，如人物眼睛、嘴巴或物体局部细节，如图1-8所示。由于特写在所有景别中视角最小，人物或物体的局部几乎充满整个画面，所以能够更好地表现其线条、质感和色彩等特征。在视频中使用特写景别能够起到提示信息、营造悬念、表现人物面部细微表情的作用，给受众留下深刻的印象。

图1-8　特写

操作小贴士

影视作品中不同的场景可选用不同的景别，如展现自然风光时可选用远景，展示主体与背景的关系时可选用全景，表现人物间情感交流时可选用中景或近景，需要突出细节或情感表达时可选用特写。另外，配合节奏强烈的音效，快速切换不同景别还能够营造紧张、快节奏的氛围。

1.3.2　镜头的运用

视频由一个个镜头组成。合理运用不同的镜头，可以给受众带来不同的感受，并产生不同的效果。在影视后期中，制作人员可以利用位置、缩放等属性的关键帧功能模拟不同的镜头效果。

1. 固定镜头

固定镜头是指在一段时间内，画面框架保持静止，没有位移和大小变化，只有画面内容在变化的一种镜头表现方式，如图1-9所示。固定镜头可以展现故事环境，塑造场景氛围，突出画面中运动主体的速度和变化节奏，从而增强影视作品的情感表达和艺术效果。

图1-9　固定镜头

2. 推镜头

推镜头是指逐渐放大画面中的主体，使其逐渐占据更多空间的一种镜头表现方式，如图1-10所示。推镜头可以强调某个细节或主体，将受众的注意力集中在画面中的某个重要元素上，在描写细节、突出主体、制造悬念等方面非常有用。

图1-10　推镜头

3. 拉镜头

拉镜头与推镜头相反，是指画面中的主体逐渐变小，背景逐渐占据更多空间的一种镜头表现方式，如图1-11所示。拉镜头可以使画面中的元素呈现出由局部到整体的效果，将受众从特定的细节拉回到更广阔的场景中，揭示该元素与周围环境的关系，为受众提供更全面的视觉体验。

图1-11　拉镜头

4. 摇镜头

摇镜头是指在摄像设备位置固定的情况下，画面框架上下、左右或斜向摇摆，如图1-12

所示。摇镜头可以引导受众的视线向四周扩展，从而展现更宽广的场景、突出特定元素或增强画面的真实感，使受众感受到流畅的视觉过渡和丰富的空间变化，为影视作品增添更多的视觉层次并增强其观赏性。

图1-12　摇镜头

5. 移镜头

移镜头是指摄像设备在运动状态下拍摄，画面框架始终处于移动中，而画面主体无论是处于运动状态还是静止状态，都会呈现出不断移动的态势，如图1-13所示。移镜头常用于展现横向场景，如宽广的海面、连绵的群山或复杂的环境等，可以使受众感受到空间的广阔和景物的多样。

图1-13　移镜头

6. 跟镜头

跟镜头是指保持主体在画面中的相对位置不变，而背景会根据主体运动轨迹的变化而变化的一种镜头表现方式，如图1-14所示。跟镜头可以连续而详细地表现主体的活动情况，既能突出运动中的主体，又能交代其运动方向、速度及其与环境的关系等，使受众可以更加深入地了解主体的行为和动作，增强代入感和沉浸感。

图1-14　跟镜头

1.3.3　后期合成技巧

若想要影视作品更具吸引力，可以在后期合成时巧妙地融入创意与技巧，创造出符合受众审美水平、能引起受众强烈情感共鸣且具有独特风格的作品。

1. 画面转场技巧

画面转场是影视作品中实现不同场景画面切换的过渡方式，决定了视频的连贯性和流畅性。

- **利用画面元素转场**。可以利用画面中相似的元素进行转场，如利用人物的视线、动作或物体的移动等。
- **借助物体转场**。利用场景中的遮挡物进行遮挡式的转场，适用于有柱子、墙面等物体的画面。这种转场方式更加自然流畅，能够减少受众对转场的注意力，使叙事更加连贯。
- **直接转场**。直接从一个画面切换到另一个画面，不用任何过渡效果，适用于快节奏、紧张刺激的情节，或需要强调两个场景之间强烈对比的情况。
- **淡入淡出转场**。画面先逐渐变黑或变白，然后逐渐展现新画面，适用于表示时间的流逝、场景的转换或梦境与现实的交替。
- **擦除转场**。使用各种形状（如矩形、圆形、星形等）的擦除效果从一个画面过渡到另一个画面，适用于需要引导受众视线或创造特定视觉效果的场景。
- **交叉溶解转场**。两个画面同时出现并逐渐融合（即一个画面逐渐消失，另一个画面逐渐清晰），适用于表现柔和的过渡或两个场景之间的内在联系。
- **动态模糊转场**。使用动态模糊效果让画面在快速移动中变得模糊，然后转换到清晰的新画面，适用于表现高速运动或紧张激烈的场景，能够增强画面的动感和速度感。

2. 声画组合技巧

声画组合是将画面和声音这两类信息进行综合处理，使画面和声音既保留各自的表现特征，又达到声画协调、相互配合的效果。

- **声画统一**。声画统一是指视觉元素和听觉元素协调统一，配音、背景音乐、音效等各声音元素在基本内容、时代色彩、环境特征、人物情绪上与画面风格基本统一。这种组合适用于对白场景，可使受众更加直观地感受人物的心理变化和故事的发展。
- **声画并行**。声画并行是指声音和画面在内容上虽然不直接相关，但二者之间存在内在联系，通过受众的联想和理解形成情感共鸣。这种组合适用于营造氛围、引导受众情绪、揭示人物内心等场景。
- **声画对立**。声画对立是指声音与画面在内容、情绪或气氛等方面形成明显的反差或对立关系，通过对比和反差来强调某种思想或情感。这种组合可以产生强烈的对比效果，适用于制造悬念和冲突的情况。

3. 蒙太奇技巧

蒙太奇是影视创作中的一种重要手法，通过重新组合镜头以产生不同的意义。

- **平行蒙太奇**。这种蒙太奇常用于并列表现不同时空（或同时异地）发生的两条或两条以上的情节线，虽分别叙述情节，但又将情节统一在一个完整的结构中。这种方法有利于集中概括，节省篇幅，增加影视作品的信息量，并加强节奏感。

- **交叉蒙太奇**。这种蒙太奇将同一时间不同地域发生的两条或数条情节线迅速而频繁地交替剪接在一起，其中一条情节线的发展往往影响另外一条，各情节线相互依存，最后汇合在一起。这种剪辑技巧极易引起悬念，造成紧张激烈的气氛，加强矛盾冲突的尖锐性。

- **颠倒蒙太奇**。这是一种打乱结构的蒙太奇方式，先展现故事的当前状态，再介绍故事的始末，表现为事件概念上"过去"与"现在"的重新组合，常借助画外音、旁白等转入倒叙。运用颠倒蒙太奇，打乱的是事件顺序，但时空关系仍需交代清楚，叙事仍应符合逻辑关系。

- **心理蒙太奇**。这种蒙太奇是描写人物心理的重要手段，通过画面镜头组接或声画有机结合，形象生动地展示出人物的内心世界，常用于表现人物的梦境、回忆、闪念，以及幻觉、遐想、思索等精神活动。

1.3.4 特效制作技巧

在制作特效时，若想得到更好的效果，可以从多个角度深入探索和实践，并运用以下技巧来提升特效的视觉冲击力。

- **结合音效**。音效能够增强画面的真实感和沉浸感。在制作特效时，应根据特效的效果设计合适的音效，如环境声、道具声等。音效的层次要分明，能吸引受众的注意力，加强受众的体验感，营造相应的氛围。

- **优化色彩**。特效的色彩要避免出现偏色或色彩失衡的情况，可以根据画面的整体风格和主题来统一色调，使视觉上具有一致性。另外，可以通过调整色彩的明度、饱和度和对比度等参数，使特效具有丰富的层次感，并增强立体感和空间感。

- **增强细节**。注重特效细节的刻画，使特效更加真实、自然。例如，在制作火焰特效时，可以添加烟雾、火星等细节元素来增强真实感。

- **运用光学原理**。利用镜头产生的光学现象，如光晕、散景等，为特效增添真实感，使画面中的光线和焦点更加符合人眼观察到的实际效果。

- **运用力学原理**。为特效中的动态元素（如爆炸、破碎、飞行物体）添加重力、摩擦力等物理属性，使它们的运动轨迹和速度变化等符合现实规律。

1.4 影视后期合成与特效制作的应用领域

在信息技术飞速发展的浪潮下，影视后期合成与特效制作已经深度应用于各个领域，其形式和效果也发生了巨大的转变。

1.4.1 影视包装

　　影视包装是指为影视作品进行整体形象设计和宣传，反映作品的类型和风格等，帮助受众快速了解作品的基本信息和氛围。视觉设计独特和风格统一的影视包装可使影视作品在众多作品中脱颖而出，增强受众对该作品的印象和认知。图1-15所示为节目《典籍里的中国》的影视包装，其通过人物翻阅典籍来引入节目内容，使受众对该节目的主要内容和主题有一定的了解，从而产生观看兴趣。

图1-15　影视包装

1.4.2 影视广告

　　影视广告，即在电影、电视等媒介上播放的广告影片。它融合了电影、电视的艺术表现手法，通过画面、声音、文本等多种元素，以直观、生动的方式将产品或品牌信息等呈现给受众，起到推广产品或服务、树立品牌形象、传播社会价值观和文化理念等作用。图1-16所示的雪山矿泉水影视广告展示了实拍的水源地画面，并简要介绍了矿泉水的形成过程，让受众感受到雪山矿泉水的纯净与珍贵。

图1-16　影视广告

1.4.3 短视频

　　短视频是指在各种新媒体平台上播放的、适合在移动状态和短时休闲状态下观看的、高频推送的视频内容，时长通常为几秒到几分钟不等。短视频以其短小精悍的特点，能够迅速吸引受众的注意力并传递信息，适合在快节奏的社会中传播。短视频不局限于简单的片段拼接，还可以通过剪辑、配乐、调色、添加特效等方法，增加趣味性和观赏性，营造出独特的视觉体验。图1-17所示的短视频向受众传播中药知识，以增加大家对中药的认识和了解。

图1-17　短视频

1.4.4　特效制作

特效一般指特殊的效果，通过添加特效，可以提升影视作品的叙事能力和表现力，使影视作品的效果更具视觉吸引力。在影视作品中可以制作各种类型的特效，常见的有以下4种。

1．合成特效

合成特效是指将多个视频或图像素材通过技术手段融合在一起，创造出全新的视觉效果。它能够打破现实世界的限制，创造出超越现实的场景和角色，为受众带来震撼的视觉效果。图1-18所示的合成特效巧妙地将绿幕中拍摄的飞机素材与天空视频素材合成到一起。

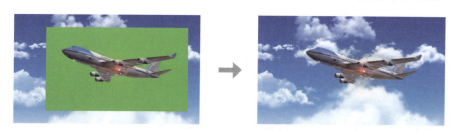

图1-18　合成特效

2．光效与粒子特效

光效与粒子特效常用于模拟自然界中的各种光源效果和粒子运动效果，能够营造出某种特定的氛围和情绪，如温馨、神秘、紧张等，还能提升视觉冲击力，增强影视作品的感染力和表现力。图1-19所示的光效特效为城市画面增强了科技感，营造出一种超越现实的科幻氛围。

图1-19　光效特效

3．三维特效

三维特效是一种利用计算机图形技术制作的三维模型、场景、角色等虚拟物体创造的视觉效果。通过三维特效，制作人员可以不受现实条件的限制，自由地构建出想象中的场景和角色，极大地拓展了创作空间。图1-20所示的三维特效使画面不再局限于二维平面的束缚，而是拥有了三维空间的深度与广度，从而让画面更具冲击力。

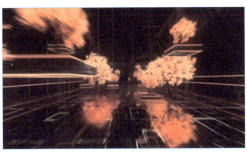

图1-20　三维特效

4．跟踪特效

跟踪特效是指通过跟踪和分析实拍素材中的特定元素（如运动物体、场景中的特征点等），然后将其他素材与这些实拍素材进行精确匹配和融合，使其他素材在画面中的位置和运动更加自然和真实，从而提升特效的真实感和可信度。图1-21所示的跟踪特效将图像素材融入视频画面，并与画面中的元素绑定，增强了趣味性和观赏性。

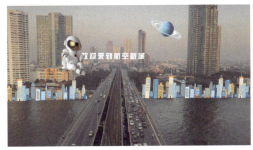

图1-21　跟踪特效

1.5　课后练习

1．填空题

（1）影视后期合成与特效制作的工作流程主要可分为_____、收集和整理素材、_____、_____、添加字幕和音频、导出视频。

（2）_____是构成画面的最小单位，而分辨率是画面在单位长度内包含的_____数量。

（3）_____是指为影视作品进行整体形象设计和宣传，反映作品的类型和风格等，帮助受众快速了解作品的基本信息和氛围。

（4）_____是指通过跟踪和分析实拍素材中的特定元素，然后将其他素材与这些实拍素材进行精确匹配和融合，使其他素材在画面中的位置和运动更加自然和真实。

（5）_____镜头是指保持主体在画面中的相对位置不变，而背景会根据主体运动轨迹的变化而变化的一种镜头表现方式。

2. 选择题

（1）【单选】帧速率为25帧/秒时，帧数的取值范围为（　　）。

A. 00~23　　　　B. 00~24　　　　C. 01~24　　　　D. 01~25

（2）【单选】（　　）是指在各种新媒体平台上播放的、适合在移动状态和短时休闲状态下观看的、高频推送的视频内容。

A. 影视广告　　　B. 粒子特效　　　C. 影视包装　　　D. 短视频

（3）【多选】视频扫描方式主要有（　　）。

A. 隔行扫描　　　B. 逐帧扫描　　　C. 逐行扫描　　　D. 直接扫描

（4）【多选】常用的声画组合技巧有（　　）。

A. 声画统一　　　B. 声画并行　　　C. 声画间隔　　　D. 声画对立

（5）【多选】视频常见格式有（　　）。

A. MP4格式　　　B. AI格式　　　C. MOV格式　　　D. MKV格式

3. 分析题

（1）分别写出下列视频画面所对应的景别类型。

　　　　（　　　　）　　　　　　　　　　（　　　.)

（2）写出下列视频画面所使用的镜头类型。

　　　　　　　　（　　　　）

第 2 章

After Effects 基础知识

随着科技的飞速发展，数字化技术已经融入影视产业的每个环节，而 After Effects 作为一款专业的影视后期合成与特效制作软件，通过持续的技术革新，凭借强大的视频合成、动画及特效制作等功能，成为影视后期制作领域的重要软件之一。

学习目标

▶ **知识目标**

◎ 熟悉 After Effects 工作界面。
◎ 熟悉 After Effects 常用面板。

▶ **技能目标**

◎ 掌握 After Effects 的基本操作。
◎ 掌握使用 After Effects 进行后期合成与特效制作的基本流程。

▶ **素养目标**

◎ 培养自主学习和深入探究影视后期合成与特效制作的意识。
◎ 培养创新思维和在实践中发现问题、解决问题的能力。

STEP 1 相关知识学习　　　　　　　　建议学时： 3 学时

课前预习	1. 扫码了解非线性编辑系统和After Effects，对非线性编辑软件有初步的认识。 2. 下载并安装After Effects，尝试进行一些简单的操作。

课前预习

课堂讲解	1. After Effects工作界面。 2. After Effects常用面板。 3. After Effects基础操作。

重点难点	1. 学习重点：新建项目与合成、导入并管理素材、导出视频与整理工程文件。 2. 学习难点：图层的基本操作、剪辑视频、制作转场、调整视频色彩、添加音频和字幕、不同特效的制作方法。

STEP 2 技能巩固与提升　　　　　　　　建议学时： 1 学时

课后练习	通过填空题、选择题和操作题巩固理论知识，提升实操能力。

2.1 认识After Effects

　　After Effects作为一款非线性编辑软件，允许制作人员以非线性的方式编辑与合成视频、音频和图像等多种素材，并制作丰富的特效。随着技术的不断进步，After Effects也在不断更新，其便于操作的界面和强大的功能使制作人员能够迅速上手。

2.1.1 熟悉After Effects工作界面

　　安装好After Effects后，双击 Ae 图标便可启动After Effects，并进入"主页"界面，在其中创建项目后，将自动打开图2-1所示的After Effects工作界面（本书以After Effects 2024为例进行讲解），该界面主要由菜单栏、工具栏和工作区组成。

1. 菜单栏

　　菜单栏包括After Effects中的所有菜单命令，打开需要的菜单，选择需要的命令即可进行相应的操作。

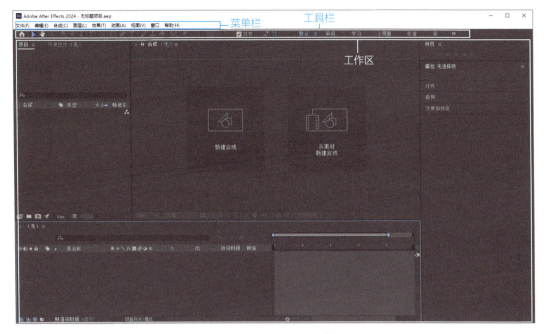

图2-1　After Effects工作界面

- ● "文件"菜单：用于进行新建、打开、保存、关闭、导入、导出等管理文件的操作。
- ● "编辑"菜单：用于进行撤销或还原操作，或对当前所选对象（如关键帧、图层）进行剪切、复制、粘贴等操作。
- ● "合成"菜单：用于进行新建合成、设置合成等与合成相关的操作。
- ● "图层"菜单：用于新建各种类型的图层，并进行多种与图层相关的操作。
- ● "效果"菜单：用于为"时间轴"面板中所选的图层应用各种效果。
- ● "动画"菜单：用于管理"时间轴"面板中的关键帧，如设置关键帧插值、调整关键帧速度、添加表达式等。
- ● "视图"菜单：用于控制"合成"面板中显示的内容，如标尺、参考线等，还可调整"合成"面板的大小和显示方式。
- ● "窗口"菜单：用于开启和关闭各种面板。打开该菜单后，各面板对应的命令左侧若出现☑图标，代表该面板已经显示在工作界面中；再次选择该命令，☑图标将会消失，说明该面板未显示在工作界面中。
- ● "帮助"菜单：用于了解After Effects的具体情况和各种帮助信息。

2. 工具栏

工具栏位于菜单栏下方，左侧区域放置了After Effects提供的各种工具，单击某个工具对应的按钮，当其呈蓝色时，说明该工具处于激活状态，当前可使用该工具进行操作，且工具栏的中间区域将显示与该工具相关的参数设置。工具栏的右侧区域提供了"默认""审阅""学习""小屏幕""标准""库"6种不同模式的工作界面，制作人员可根据需求自行选择，也可选择【窗口】/【工作区】命令，在弹出的子菜单中选择命令以切换成对应模式的工作界面。

若工具对应的按钮右下角有■符号，则表示该工具位于一个工具组中，此时在该按钮上按住鼠标左键不放或单击鼠标右键，可显示工具组中所有的工具。图2-2所示为工具栏中的所有工具。

图2-2　工具栏中的所有工具

3. 工作区

工作区是影视后期合成与特效制作的主要区域，由多个不同作用的面板组成。制作人员在工作区中操作时，若对部分面板的大小和位置不太满意，可以自行调整。

（1）调整面板大小

在After Effects中，每个面板的大小并不固定，若需要改变某个面板的大小，可将鼠标指针放置于与其他相邻面板的分隔线处，当鼠标指针变为■或■形状时，按住鼠标左键不放并拖曳到合适位置，再释放鼠标左键，如图2-3所示。

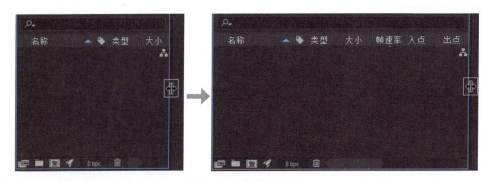

图2-3　调整面板大小

（2）组合与拆分面板组

在After Effects中，将两个及两个以上的面板组合在一起可形成面板组，而将面板组中的某个面板拖曳到其他位置可拆分面板组。具体操作方法为：选中想要组合或拆分的面板，按住鼠标左键不放，将其拖曳到目标面板的顶部、底部、左侧或右侧，目标面板中出现暗色后释放鼠标左键。

（3）创建浮动面板

在After Effects中，可将面板设置为浮动状态，即使其变为独立的窗口浮动在工作界面上方，并保持置顶效果。具体操作方法为：单击面板上方的■按钮，在弹出的下拉菜单中选择

"浮动面板"命令。单击面板右上角的 ▣ 按钮可将其关闭。

2.1.2 熟悉After Effects常用面板

在After Effects中进行影视后期合成与特效制作时，通常需要使用以下面板进行操作。

1. "项目"面板

"项目"面板用于管理项目中的所有素材，包括导入After Effects中的视频、音频、图像，以及新建的合成、文件夹等。在"项目"面板中选择某个素材时，在该面板的上方区域会显示对应的缩略图、尺寸和属性等信息，如图2-4所示。"项目"面板中部分选项介绍如下。

● 搜索框。当"项目"面板中的内容过多时，可在搜索框中输入素材名称进行查找。单击左侧的 ▣ 按钮，可在打开的下拉列表中选择相应的选项来查找已使用、未使用、缺失字体、缺失效果或缺失素材的文件。

● "解释素材"按钮▣。选择素材后，单击该按钮可打开"解释素材"对话框，在其中可设置素材的Alpha、帧速率等属性。

图2-4　"项目"面板

● "新建文件夹"按钮▣。单击该按钮可新建一个空白文件夹（用于管理多个素材）。

● "新建合成"按钮▣。单击该按钮可打开"合成设置"对话框，设置相应参数后单击 ▣确定 按钮可新建一个合成。

● ▣按钮。单击该按钮可打开"项目设置"对话框，在其中可设置"视频渲染和效果""时间显示样式""颜色""音频""表达式"等选项卡中包含的参数。

● ▣8 bpc▣按钮。单击该按钮同样可打开"项目设置"对话框，并自动打开"颜色"选项卡，在其中可设置深度、工作空间等参数。

● "删除所选项目项"按钮▣。选择素材后，单击该按钮可删除所选素材。

2. "合成"面板

在After Effects中，合成可以看作一个容器，用于承载组合素材、应用特效等操作的效果，并生成相应的画面。而"合成"面板（见图2-5）主要用于预览当前合成的画面，通过该面板下方的按钮可设置显示的画面效果，常用按钮的介绍如下。

● 放大率▣33.3%▣。该按钮用于设置"合成"面板中预览画面的放大率。

图2-5　"合成"面板

- 分辨率 完整▼ 。该按钮用于设置画面显示的分辨率，可选择"完整""二分之一""三分之一""四分之一""自定义"等选项，以提升画面的加载速度。
- "快速预览"按钮 。单击该按钮，可在弹出的下拉列表中选择预览方式，如"自适应分辨率""线框"等。
- "切换透明网格"按钮 。单击该按钮，合成中的背景将以透明网格的方式进行显示。
- "切换蒙版和形状路径可见性"按钮 。单击该按钮，可在画面中显示或隐藏蒙版和形状路径。
- "目标区域"按钮 。添加蒙版后，单击该按钮，可显示画面中的目标区域。
- "选择网格和参考线选项"按钮 。单击该按钮后，可选择网格、标尺、参考线等辅助工具，实现精确编辑对象的操作。
- "拍摄快照"按钮 。单击该按钮，可将合成中的画面以图片形式保存在After Effects缓存文件中，用于前后对比，但保存的快照图片无法调出使用。
- "显示快照"按钮 。单击该按钮，可显示拍摄的上一张快照图片。
- "预览时间"按钮 0:00:01:17 。单击该按钮，可打开"转到时间"对话框，在其中可设置时间指示器跳转的具体时间点。

3．"时间轴"面板

"时间轴"面板是After Effects的核心面板之一，其组成结构如图2-6所示。

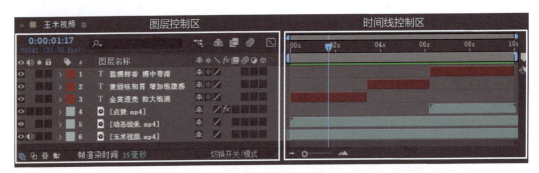

图2-6 "时间轴"面板

（1）图层控制区

图层控制区用于设置图层的各种属性和参数，部分常用选项介绍如下。

- 时间码 0:00:01:17 ：按住鼠标左键不放并左右拖曳该时间码，或单击时间码后直接输入数值，可查看时间码对应帧的画面效果，如0：00：01：17代表0时0分1秒17帧。
- "消隐"按钮 ：用于在"时间轴"面板中隐藏设置了"消隐"效果的所有图层。（在图层对应的 图标处单击，当切换为 图标时表示已设置"消隐"效果。）
- "帧混合"按钮 ：用于为设置"帧混合"开关的所有图层启用帧混合效果。
- "运动模糊"按钮 ：用于为设置"运动模糊"开关的所有图层启用运动模糊效果。
- "图表编辑器"按钮 ：单击该按钮，可将右侧的时间线控制区由图层模式转换为图表编辑器模式。
- "视频"按钮 ：用于显示或者隐藏图层。

- "音频"按钮 ：用于启用或关闭视频中的音频。

- "独奏"按钮 ：用于只显示选择的图层，可同时为多个图层开启"独奏"。

- "锁定"按钮 ：用于锁定图层，图层锁定后不能对其进行任何编辑操作，从而保护该图层的内容不受破坏。

- "标签"按钮 ：用于设置图层标签，可使用不同的标签颜色对图层进行分类，还可以设置标签组。

- 按钮：用于表示图层序号，可按数字小键盘上的数字键来选择对应序号的图层。在该按钮所在栏上的任意位置单击鼠标右键，可在弹出的快捷菜单中选择"列数"命令，再在子菜单中对图层进行显示或隐藏。

- 图层名称：用于显示图层的名称，单击最上方的"图层名称"文本可将图层名称（修改后的名称）转换为源名称（素材名称）。

- 父级和链接：用于指定父级图层。在父级图层中做的所有变换操作都将自动应用到子级图层的对应属性上（不透明度属性除外）。

- 展开其他窗格按钮组 ：单击相应按钮，可分别展开或折叠"转换控制""图层开关""渲染时间""入点/出点/持续时间/伸缩"窗格，图2-7所示为展开所有窗格的效果。

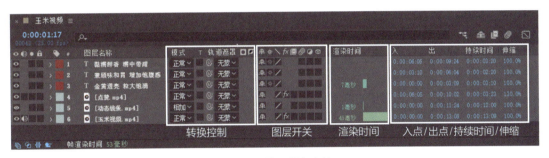

图2-7　展开所有窗格

（2）时间线控制区

时间线控制区主要可分为工作区域、时间导航器和时间指示器和3个部分，如图2-8所示。

- **工作区域**。工作区域为合成的有效区域，即位于该区域内的对象才是最终渲染输出的内容。拖曳工作区域左右两侧的蓝色滑块可确定工作区域的内容。

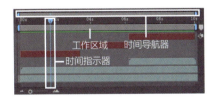

图2-8　时间线控制区

- **时间导航器**。拖曳时间导航器左侧或右侧的蓝色滑块可以调整时间线控制区的显示比例，也可以通过拖曳时间线控制区左下角的圆形滑块 来调整显示比例。

- **时间指示器**。左右拖曳时间指示器可直接调整时间码。按【Page Up】键可将时间指示器移至当前帧的上一帧，按【Page Down】键可将时间指示器移至当前帧的下一帧，按【Home】键可将时间指示器移至第一帧，按【End】键可将时间指示器移至最后一帧。

2.1.3 熟悉After Effects基础操作

在After Effects中进行影视后期合成与特效制作之前，需要先熟悉其基础操作，这样才能有效地提高工作效率。

1. 新建项目

项目是指用于存储合成及该项目中所有素材的源文件，新建项目的方法主要有以下两种。

● **在主页新建**。启动After Effects后，在主页中单击 新建项目 按钮。

● **通过菜单命令新建**。若已经进入After Effects工作界面，可直接选择【文件】/【新建】/【新建项目】命令，或按【Ctrl+Alt+N】组合键。

2. 导入和管理素材

若要导入素材，可以直接选择【文件】/【导入】/【文件】命令；或在"项目"面板的空白区域双击；或在"项目"面板的空白区域单击鼠标右键，在弹出的快捷菜单中选择【导入】/【文件】命令；或直接按【Ctrl+I】组合键，这些操作都可以打开"导入文件"对话框，如图2-9所示，在其中选择需要导入的一个或多个素材，单击 导入 按钮完成导入操作。

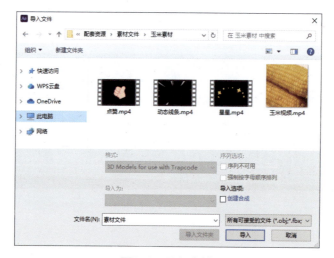

图2-9　导入素材

当"项目"面板中的素材过多时，可以分类管理素材，以便更好地调用素材。具体操作方法为：单击"项目"面板中的"新建文件夹"按钮 ，设置好文件夹名称后，将需要分类的素材拖曳到文件夹中。

3. 新建合成

After Effects的大部分工作都是在合成中进行的。制作人员可根据制作需求新建空白合成，或直接基于素材新建合成。

（1）新建空白合成

在"项目"面板中双击，或选择【合成】/【新建合成】命令，或按【Ctrl+N】组合键，打开图2-10所示的"合成设置"对话框，在"基本"选项卡中设置合成的相关参数，单击"确定"按钮即可新建合成。

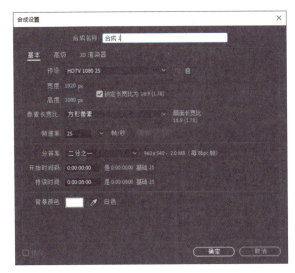

图2-10　"合成设置"对话框

- "预设"下拉列表：包含After Effects预设的各种视频类型，选择某种预设类型后，将自动定义文件的宽度、高度、像素长宽比等属性，也可以选择"自定义"选项，自定义合成的属性。
- 宽度、高度：用于设置合成的宽度和高度属性。选中"锁定长宽比为"复选框后，宽度与高度的比例将保持不变。
- "像素长宽比"下拉列表：用于设置像素长宽比，可根据制作需求自行选择，默认选择"方形像素"选项。
- 帧速率：用于设置帧速率，该数值越大，画面越精致，但所占内存也越大。
- 分辨率：用于设置"合成"面板中的显示分辨率。
- 开始时间码：用于设置合成播放时的开始时间，默认为0帧。
- 持续时间：用于设置合成的具体时长。
- 背景颜色：用于设置合成的背景颜色。

在"合成设置"对话框的"高级"选项卡中可以设置合成图像的轴心点、嵌套时合成图像的帧速率，以及添加运动模糊效果后模糊量的强度和方向；在"3D渲染器"选项卡中可以设置After Effects在进行三维渲染时所使用的渲染器。

（2）基于素材新建合成

每个素材都有自身的属性，如高度、宽度、像素长宽比等，制作人员可根据素材的属性来新建合成。基于素材新建合成主要有以下两种方式。

- 基于单个素材创建合成。在"项目"面板中将单个素材拖曳到底部的"新建合成"按钮 上；或在选择素材后，选择【文件】/【基于所选项新建合成】命令，"合成设置"对话框中的属性（包括宽度、高度和像素长宽比等）会自动与所选素材相匹配，并生成一个合成。
- 基于多个素材创建合成。在"项目"面板中将多个素材拖曳到底部的"新建合成"按钮 上；或在选择多个素材后，选择【文件】/【基于所选项新建合成】命令，打开

图2-11所示的"基于所选项新建合成"对话框，选中"单个合成"单选项可从某个素材中获取合成设置，选中"多个合成"单选项可为每个素材创建单独的合成，选中"添加到渲染队列"复选框可快速渲染输出素材。另外，在选中"单个合成"单选项后，再选中"序列图层"复选框，所选素材将在"时间轴"面板中按选择顺序进行排列，并自动调整每个素材的播放时间。若同时选中"重叠"复选框，可在所选素材之间设置重叠的动画效果。

图2-11　"基于所选项新建合成"对话框

4. 新建图层

图层是构成合成的主要元素，如果没有图层，合成就只是一个空白的画面。一个合成中可以只存在一个图层，也可以存在数百上千个图层。单个空白图层可以看作一张透明的纸，将多张有内容的纸按照一定的顺序叠放在一起，所有纸上的内容就形成最终的画面效果。

将"项目"面板中的素材拖曳至"时间轴"面板后，将自动生成与素材同名的图层，且同一个素材可以作为多个图层的源。除此之外，制作人员还可根据需要新建不同类型的图层。图层主要有以下7种类型。

- **文本图层**：用于承载文本对象，图层的名称默认为"<空文本图层>"，图层名称前的图标为 ，此时在"合成"面板中输入文本，则该文本所在图层的名称将自动变为输入的文本内容。使用文字工具组中的工具在"合成"面板中单击定位文本插入点后，"时间轴"面板中也会自动新建一个文本图层。

- **纯色图层**：用于充当背景或其他图层的遮罩，也可以通过应用效果来制作特效。纯色图层的默认名称为"该纯色图层的颜色名称+'纯色'文本"，图层名称前的图标为该纯色图层的颜色色块。

- **灯光图层**：用于充当三维图层的光源。如果需要为某个二维图层添加灯光，需要先将该二维图层转换为三维图层，然后才能设置灯光效果。灯光图层的默认名称为"该图层的灯光类型"，图层名称前的图标为 。

- **摄像机图层**：用于模仿真实的摄像机视角，可通过平移、推拉、摇动等各种操作来控制动态图形的运动效果，但只对三维图层有效。摄像机图层的默认名称为"摄像机"，图层名称前的图标为 。

- **空对象图层**：虽然空对象图层不会被After Effects渲染出来，但它具有很强的实用性。例如，当文件中有大量的图层需要做相同的设置时，可以先建立空对象图层，将需要做相同设置的图层通过父子关系链接到空对象图层，再调整空对象图层就能达到同时调整这些图层的目的。另外，也可以将摄像机图层通过父子关系链接到空对象图层，通过移动空对象图层来实时控制摄像机。空对象图层的默认名称为"空"，图层名称前的图标为白色色块。

- **形状图层**：用于建立各种简单或复杂的形状或路径，结合形状工具组和钢笔工具组中的各种工具可以绘制出各种形状或路径。形状图层的默认名称为"形状图层"，图层名称前的图标为★。

- **调整图层**：类似一个空白的图像，但应用于调整图层中的效果会应用于位于它下方的所有图层，所以调整图层常用于统一调整画面色彩、特效等。调整图层的默认名称为"调整图层"，图层名称前的图标也是白色色块。

5. 图层的基本操作

在After Effects中，大部分操作都是基于图层进行的，通过对图层进行选择、调整顺序、拆分等基本操作，可以有序地组织各个素材。

（1）选择图层

在编辑图层之前，需要先选择图层。除了直接在"合成"面板中单击以选择图层外，还可以在"时间轴"面板中选择，且被选择图层的背景将变亮显示。具体操作可分为以下3种方式。

- **选择单个图层**。直接单击以选择单个图层。

- **选择多个连续图层**。选择单个图层后，按住【Shift】键的同时再选择另一个图层，可以选择这两个图层及它们之间的所有图层。

- **选择多个不连续图层**。按住【Ctrl】键的同时依次选择需要的图层。

（2）调整图层顺序

图层的排列顺序决定着画面的渲染顺序和显示效果。可通过以下两种方法调整图层的排列顺序。

- **通过拖曳调整**。选择图层后，按住鼠标左键不放并将其拖曳至目标位置，当出现蓝色线条时释放鼠标左键，可将图层移至蓝色线条所在位置，如图2-12所示。

图2-12　通过拖曳调整图层顺序

- **通过菜单命令调整**。选择图层后，选择【图层】/【排列】命令，可在弹出的子菜单中选择"将图层置于顶层"（快捷键【Ctrl+Shift+]】）、"使图层前移一层"（快捷键【Ctrl+]】）、"使图层后移一层"（快捷键【Ctrl+[】）、"将图层置于底层"（快捷键【Ctrl+Shift+[】）等命令，以调整图层顺序。

（3）拆分图层

在After Effects中，可以通过拆分图层为同一图层中的素材来制作不同的效果。具体操作方法为：选择需拆分的图层，选择【编辑】/【拆分图层】命令，或按【Ctrl+Shift+D】组合键，所选图层将以当前时间指示器为参考位置，拆分为上下两个图层，如图2-13所示。

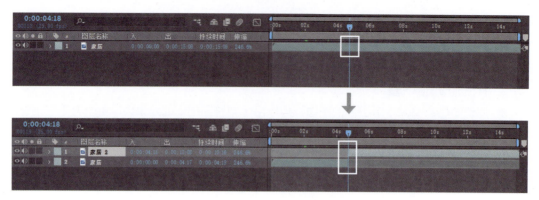

图2-13 拆分图层

（4）对齐与分布图层中的对象

如果图层中的对象在"合成"面板中排列不整齐，可通过"对齐"面板（见图2-14）进行调整，该面板主要包含对齐和分布两个功能。

● **对齐**。对齐是指按某种规则将单个或多个图层中的对象以合成或选区（所选的所有图层）为参考进行对齐。对齐按钮组从左到右依次为"左对齐"按钮 、"水平对齐"按钮 、"右对齐"按钮 、"顶对齐"按钮 、"垂直对齐"按钮 、"底对齐"按钮 。

图2-14 "对齐"面板

● **分布**。分布是指将3个或3个以上图层中的对象在水平或垂直方向上进行均匀分布。分布按钮组从左到右依次为"按顶分布"按钮 、"垂直均匀分布"按钮 、"按底分布"按钮 、"按左分布"按钮 、"水平均匀分布"按钮 、"按右分布"按钮 。

2.2 剪辑并优化视频

在After Effects中，通常会利用图层来剪辑视频，利用转场、调色等功能优化视频效果，还可以通过添加音频与字幕进一步提升视频的表现力，从而全面提升影视作品的质量与吸引力。

2.2.1 剪辑视频

将视频拖曳到"时间轴"面板后，可通过拖曳其所在图层的入点（图层有效区域的开始点）、出点（图层有效区域的结束点）来调整图层的应用范围，在打开的"时间延长"对话框中调整图层的拉伸因素和持续时间。

另外，也可以展开"入点/出点/持续时间/伸缩"窗格，直接单击数值打开对应的对话框修改参数，还可以在数值上按住鼠标左键不放左右拖曳鼠标以进行修改。

2.2.2 制作转场

"效果和预设"面板的"过渡"文件夹（见图2-15）中提供了多种过渡效果，用于在视频片段之间实现平滑的切换。选择合适的过渡效果，将其拖曳到图层上进行应用，应用后可在"效果控件"面板中调整相应属性，其中过渡完成属性用于设置过渡效果的强度，除了"光圈擦除"效果使用外径属性进行转场外，其他过渡效果都可以通过为该属性创建"0%"到"100%"的关键帧来实现转场。

2.2.3　调整视频色彩

"效果和预设"面板的"颜色校正"文件夹（见图2-16）中提供了多种调色效果，制作人员运用这些调色效果可以轻松地对视频进行颜色校正、增强、变换或为其赋予特定的色彩风格，以满足不同的创作需求和审美偏好。选择合适的调色效果，将其拖曳到图层上进行应用，应用后可在"效果控件"面板中调整相应属性。

图2-15　"过渡"文件夹　　　　　图2-16　"颜色校正"文件夹

2.2.4　添加音频

音频是影视作品的重要组成部分，它能够丰富影视作品的内容，增强其感染力，营造出特定的氛围。将音频素材添加到"时间轴"面板后，展开该音频素材图层，可看到音频电平属性和音频的波形图，如图2-17所示。其中音频电平属性用于调整音频的总音量大小，波形图用于查看不同时间点处音频的音量大小。

另外，After Effects的"效果和预设"面板中还提供了10种音频效果（见图2-18），用于对音频素材进行倒放、设置混响、延迟、加强立体感等调整，使调整后的音频与视频画面更加协调。

图2-17　展开音频素材图层　　　　　图2-18　音频效果

2.2.5　添加字幕

在影视作品中添加字幕能够有效传达信息，使受众更容易理解作品内容，此外具有设计感的字幕还可以提升受众的观看体验。

- **创建点文本**。选择"横排文字工具" T 或"直排文字工具" IT，在"合成"面板中任意位置单击，可直接输入点文本，如图2-19所示。输入完成后，按【Alt+Enter】组合键，或直接单击"时间轴"面板中的空白区域，或选择"选取工具" ▶ 结束文本输入状态。

- **创建段落文本**。选择"横排文字工具" T 或"直排文字工具" IT，在"合成"面板中按住鼠标左键不放并拖曳鼠标形成一个文本框，可以在该文本框中输入段落文本，当一行排满后会自动跳转到下一行，如图2-20所示。输入完成后，使用和创建点文本相同的方法可结束文本输入状态。

图2-19　输入点文本

图2-20　输入段落文本

设计大讲堂

After Effects中主要有点文本和段落文本两种文本类型，其中点文本以鼠标单击点为插入点，输入点文本时，每行文本的长度会自动增加，但不会自动换行，需要手动换行，比较适合需要输入少量文本的场景。而段落文本以文本框的大小为范围，输入段落文本时，每行文本会根据文本框的大小自动换行，比较适合需要输入大量文本的场景。

2.3　制作特效

After Effects提供了丰富的视觉特效工具，用于制作不同类型和风格的特效，从而提升影视作品的视觉冲击力，并创造独特的视觉效果。

2.3.1　应用关键帧

若要为某个图层中的对象制作动态变化效果，就需要用到关键帧。以图层的位置属性为例，在"时间轴"面板中展开图层，再展开"变换"栏，单击位置属性名称左侧的"时间变化秒表"按钮 ⏱，此时该按钮将变为 ⏱，处于激活状态，表示开启相应属性的关键帧，在按钮最左侧会显示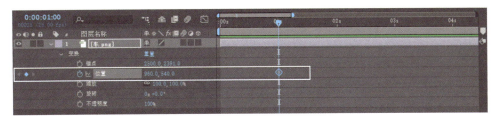，且当前时间指示器所在位置会添加一个关键帧，以记录当前的属性值，如图2-21所示。

图2-21　开启关键帧

可以通过以下3种方式继续添加关键帧。

- **通过按钮**。将时间指示器移至需要添加关键帧的时间点处，单击该属性左侧中的按钮，可以添加新关键帧，同时该按钮变为状态，这表示该关键帧被选中。
- **通过改变属性**。将时间指示器移至需要添加关键帧的时间点处，直接修改该属性的参数，After Effects将自动添加关键帧。
- **通过菜单命令**。选择相应属性所在图层，将时间指示器移至需要创建关键帧的时间点处，然后选择【动画】/【添加关键帧】命令。

2.3.2　应用"效果和预设"面板

除了过渡效果与调色效果外，After Effects的"效果和预设"面板中还提供了多种特殊效果（见图2-22）和动画预设（见图2-23），制作人员可以为视频、图像和文本等素材应用这些效果或预设，制作出不同的特效。

选中图层后，双击"效果和预设"面板中的效果或预设，也可以直接拖曳效果或预设到相应图层上进行应用，应用后可以在"效果控件"面板中调整相应的参数。图2-24所示为应用"四色渐变"效果后"效果控件"面板中显示的参数。

图2-22　特殊效果　　　　图2-23　动画预设　　　　图2-24　"四色渐变"效果参数

2.3.3 应用蒙版与遮罩

在After Effects中，蒙版和遮罩都可以通过定义图层中的透明信息来决定图层的显示范围，即将多个图层中的元素同时显示在一个画面中，制作出蒙版合成特效和遮罩合成特效。其中，蒙版只能将图层中的内容显示在使用工具绘制的图形蒙版中，如矩形、椭圆等蒙版，效果如图2-25所示；而遮罩不仅能将图层中的内容显示在绘制的图形中，还能将其显示在文字或选择的特定图形中，通常通过"时间轴"面板"轨道遮罩"栏下的下拉列表和按钮进行设置，效果如图2-26所示。

图2-25　蒙版效果　　　　　　　　　　　　图2-26　遮罩效果

2.3.4 应用三维功能

在After Effects中，默认创建的图层都是二维图层，在"时间轴"面板中单击二维图层"图层开关"窗格中■图标下对应的■图标，使其变为◉图标，可将该图层转换为三维图层（音频图层除外），使其具有三维属性，如三维方向的旋转角度、材质选项等，从而制作出模拟三维世界的特效。

将二维图层转换为三维图层后，还可以利用灯光和摄像机增强三维效果。

● 灯光。灯光是用于照亮三维图层中的物体的工具，类似于光源。灵活地运用灯光可以模拟出物体在不同明暗程度和阴影下的效果，使该物体更具立体感。After Effects中的灯光有平行光、聚光、点光和环境光4种类型。

● 摄像机。使用摄像机图层可以从任何角度和距离查看三维图层，在场景之中移动摄像机比移动和旋转场景本身更容易，因此通常会通过调整摄像机图层来获得不同的视角。

2.3.5 应用跟踪特效

在影视作品中，字幕和装饰元素往往能为作品增添一抹亮色，而利用After Effects中的跟踪特效，可以让字幕或装饰元素灵活、精准地跟随作品中的某个特定部分进行移动，让画面更加生动自然。跟踪特效具体可分为以下3种。

● 跟踪字幕特效。应用该特效需要使用"跟踪运动"命令分析素材，然后调整跟踪点（见图2-27），接着添加需要跟踪的字幕，再在"跟踪器"面板（见图2-28）中设置跟踪参数。

● 跟踪摄像机特效。应用该特效需要使用"跟踪摄像机"命令分析素材，然后利用得到的跟踪点（见图2-29）创建跟踪图层和摄像机，再修改图层内容。

● **蒙版跟踪特效**。应用该特效需要先绘制蒙版，然后使用"跟踪蒙版"命令分析素材，再在"跟踪器"面板中设置跟踪参数。

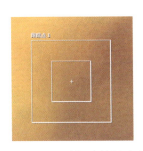

图2-27　跟踪运动的跟踪点　　图2-28　"跟踪器"面板　　图2-29　跟踪摄像机的跟踪点

2.3.6 应用表达式

在After Effects中使用表达式可以为图层中的不同属性建立联系，快速制作出复杂的特效，提升视觉效果。

表达式基于标准的JavaScript语言（一种高级编程语言，常用于在网页中实现交互功能）产生，虽然看起来像编程，但实际应用并不难，可以从分析和理解表达式的各部分内容入手。例如，在某图层的位置属性中输入如下表达式：

$$a=[100,200],[300,400];thisComp.layer("图层2").random(a)$$

数值和数组　　　　全局属性　　层级连接符号　　　变量

该表达式表示，在当前合成中，"图层2"图层的位置参数将在100～200和300～400的范围内随机产生。

添加表达式时，需要先选择目标图层下的某个属性，再选择【动画】/【添加表达式】命令，或按【Alt+Shift+=】组合键；或在按住【Alt】键的同时单击该属性左侧的"时间变化秒表"按钮，显示表达式输入框，在其中添加表达式后，图层的属性值将变为红色，表示该值由表达式控制，已不能手动编辑，如图2-30所示。

图2-30　添加表达式

2.3.7 应用插件与脚本

After Effects支持应用插件和脚本，便于制作人员快速制作出相应的特效，有效提高制作效率。

1. 插件

通过插件可以扩展After Effects的功能，实现一些难以实现的特效。After Effects中有部分以CC开头的效果，它们分散在各个效果组中，这些效果原本属于Cycore Effects HD插件，后被内置到软件中，成为内置插件。

除了内置的插件外，After Effects还支持使用外挂插件（即除内置插件以外的所有插件）。针对部分外挂插件，制作人员可以直接将插件文件复制到对应文件夹（Adobe\Adobe After Effects 2024\Support Files\Plug-ins）中，然后便可在After Effects中直接使用该插件；部分外挂插件需要执行安装程序后才能使用。

2. 脚本

脚本是一系列命令的统称，用于告知软件执行一系列任务。在大多数的Adobe软件中，制作人员都可以使用脚本来自动执行重复性操作或复杂计算等任务。

选择【文件】/【脚本】命令，在弹出的子菜单中可选择After Effects自带的脚本，也可以选择运行或安装脚本文件。若要安装脚本文件，可选择"安装脚本文件"命令，打开"打开"对话框，选择脚本文件（脚本文件后缀名为".jsx"或".jsxbin"），然后单击 选择 按钮，再在打开的对话框中单击 确定 按钮完成安装。重启After Effects后，可在【文件】/【脚本】的子菜单中看到新安装的脚本，选择对应的命令（与脚本名称相同）即可应用。

> **操作小贴士**
>
> 在After Effects中首次使用脚本时，需要选择【编辑】/【首选项】/【脚本和表达式】命令，在打开的"首选项"对话框中选中"允许脚本写入文件和访问网络"复选框，然后单击 确定 按钮。

2.4　渲染与导出视频、整理工程文件

导出视频可以将制作好的作品转换为可在各种设备上播放的视频文件，方便查看效果，也便于传播。而整理工程文件则是整理制作过程中用到的所有素材、效果，以及相关设置等，以便应对将来可能需要修改或重新编辑的情况。

2.4.1　渲染与导出视频

渲染视频可以让视频在播放时更加流畅，使制作人员能更好地查看视频效果，然后便可以将渲染后的视频导出成不同格式的视频文件。

1. 认识"渲染队列"面板

在After Effects中，渲染与导出操作通常都是在"渲染队列"面板中完成的，因此编辑完视频后需要先将合成添加到"渲染队列"面板中，然后设置渲染与输出的相关参数。选择合

成，然后选择【文件】/【导出】/【添加到渲染队列】命令，或选择【合成】/【添加到渲染队列】命令，或按【Ctrl+M】组合键，都能打开图2-31所示的"渲染队列"面板，该面板中部分选项的含义如下。

图2-31　"渲染队列"面板

- 当前渲染：用于显示当前正在进行渲染的合成信息。
- 已用时间：用于显示当前渲染已经花费的时间。
- 剩余时间：用于显示当前渲染还要花费的时间。
- ■渲染按钮：单击该按钮将开始渲染合成。
- 状态：用于显示当前渲染的状态。显示"未加入队列"文字表示该合成还未准备好渲染，显示"已加入队列"文字表示该合成已准备好渲染，显示"需要输出"文字表示未指定输出文件名，显示"失败"文字表示渲染失败，显示"用户已停止"文字表示用户已停止渲染该合成，显示"完成"文字表示该合成已完成渲染。
- 渲染设置：用于设置渲染的相关参数。
- 输出模块：用于设置输出文件的相关参数。
- ■/■按钮：单击■按钮，可为同一个渲染的合成新增一个输出模块，以便同时输出多个不同格式的文件；单击■按钮，可删除对应的输出模块。
- 输出到：用于设置文件输出的位置和名称。

2. 认识"渲染设置"对话框

单击"渲染队列"面板中"渲染设置"选项右侧的"最佳设置"，将打开"渲染设置"对话框（见图2-32），在其中可设置品质、分辨率等参数。

- 品质：用于设置所有图层的品质，可选择"最佳""草图""线框"选项。
- 分辨率：用于设置相对于原始合成的分辨率大小。例如，选择"四分之一"选项时，将以原始合成分辨率的1/4进行渲染。
- 大小：用于显示原始合成和渲染文件的分辨率大小。
- 效果：用于设置是否关闭效果。
- 独奏开关：用于设置是否关闭图层的独奏开关。
- 引导层：用于设置是否关闭引导层（用于

图2-32　"渲染设置"对话框

设置指导线，或作为其他图层的参考，通常不会直接呈现在最终输出的视频中）。

- 运动模糊：用于设置是否关闭运动模糊。
- 时间跨度：用于设置渲染的范围。选择"合成长度"选项，将渲染整个合成；选择"仅工作区域"选项，将只渲染合成中由工作区域标记指示的部分；选择"自定义"选项或单击右侧的 自定义 按钮，可打开"自定义时间范围"对话框，在其中可以自定义渲染的起始点、结束点和持续范围。

3. 认识"输出模块设置"对话框

单击"渲染队列"面板中的 无损 ，将打开"输出模块设置"对话框（见图2-33）。在"主要选项"选项卡中可设置输出格式、视频输出、自动音频输出等参数，而在"颜色"选项卡中可设置用于管理每个输出项色彩的参数。"主要选项"选项卡中部分选项的作用如下。

- 格式：用于设置输出文件的格式，共有16个格式选项。
- "包括项目链接"复选框：用于设置是否在输出文件中包括链接到源项目的信息。
- 通道：用于设置输出文件中包含的通道。
- "调整大小"栏：用于设置输出文件的大小及调整大小后的品质。选中右侧的"锁定长宽比为16：9（1.78）"复选框，可在调整文件大小时保持现有合成的长宽比。
- "裁剪"栏：用于在输出文件时使边缘减去或增加设置的像素行或列。选中"使用目标区域"复选框后，将只输出在"合成"或"图层"面板中选择的目标区域。
- "自动音频输出"栏：用于设置输出文件中音频的采样率、采样深度和声道。

图2-33　"输出模块设置"对话框

4. 导出视频

完成渲染与输出设置后，可单击"输出到"文字右侧的 尚未指定 ，打开"将影片输出到："对话框，在其中设置保存路径和文件名（默认为合成名称），然后单击 保存(S) 按钮，将自动返回"渲染队列"面板，再单击 渲染 按钮开始渲染，此时将显示蓝色进度条。渲染结束后在设置的文件输出位置可看到导出的视频文件。

2.4.2 整理工程文件

在使用After Effects制作影视作品时，项目中可能存在多余的素材。为减小文件和快速整理项目，在保存好项目后，制作人员通常还会打包保存整个项目文件及所用到的素材。选择【文件】/【整理工程（文件）】/【收集文件】命令，可打开图2-34所示的"收集文件"对话框，其中各选项作用如下。

- "收集源文件"下拉列表：用于设置收集哪些合成中的文件。
- "仅生成报告"复选框：选中该复选框，将不会收集文件，而只生成一个项目报告文本文件。
- "服从代理设置"复选框：用于设置是否复制当前代理设置。选中该复选框，将仅复制合成中使用的文件；取消选中该复选框，将同时复制代理设置和源文件。

图2-34　"收集文件"对话框

- "减少项目"复选框：选中该复选框，可从收集的文件中移除所有未使用的素材和合成。
- "将渲染输出为 自然六百 节目电 渲染出 文件夹"复选框：选中该复选框，可确保在使用其他计算机渲染项目文件时，能够访问已渲染的文件。
- "启用'监视文件夹'渲染"复选框：选中该复选框，可将项目保存到指定的监视文件夹中，并通过网络启动"监视文件夹"渲染。
- "完成时在资源管理器中显示收集的项目"复选框：选中该复选框，在收集完成后将自动打开存储文件夹，以便查看存储效果。
- 注释 按钮：单击该按钮，可在打开的"注释"对话框中输入相关文字进行说明，便于后续使用时能够对该文件的情况一目了然。

在"收集文件"对话框中设置好相应参数后，单击 收集 按钮，将打开"将文件收集到文件夹中"对话框，在其中设置存储位置，并单击 保存(S) 按钮，即可完成整理工程文件的操作。

2.5 课后练习

1. 填空题

（1）_____用于管理项目中的所有素材，包括导入After Effects中的视频、音频、图像，以及新建的合成、文件夹等。

（2）"时间轴"面板由左侧的_____和右侧的_____组成。

（3）_____图层类似一个空白的图像，但应用于该图层中的效果会应用于位于它下方的所有图层。

（4）如果图层中的对象在"合成"面板中排列不整齐，可通过_____面板进行调整。

（5）若要调整视频色彩，可以利用"效果和预设"面板中_____文件夹中的效果。

（6）若要输入大量文本，可先使用文字工具绘制_____，再在其中输入段落文本。

2. 选择题

（1）【单选】若要新建项目，可按（　　）组合键。

A.【Ctrl+Alt+N】　　　B.【Ctrl+N】　　　　　C.【Alt+N】　　　　　D.【Ctrl+Shift+N】

（2）【单选】选择单个图层后，按住（　　）键的同时再选择另一个图层，可以选择这两个图层及它们之间的所有图层。

A. Shift　　　　　　　B. Ctrl　　　　　　　C. Alt　　　　　　　D. Shift+Alt

（3）【单选】输出视频时，若要设置视频的格式，需要在（　　）对话框中设置。

A．"渲染队列"　　　　B．"渲染设置"　　　　C．"输出模块设置"　　D．"收集文件"

（4）【多选】在After Effects中可以新建的图层类型有（　　）

A．文本图层　　　　　B．灯光图层　　　　　C．音频图层　　　　　D．空对象图层

（5）【多选】在"合成设置"对话框中可以设置合成的（　　）。

A．帧速率　　　　　　B．开始时间码　　　　C．输出格式　　　　　D．背景颜色

3. 操作题

（1）新建"交通安全教育视频"项目，导入"交通安全教育素材"文件夹中的所有素材，然后整理视频素材，并创建一个名称为"交通安全教育视频"、分辨率为1920像素×1080像素、帧速率为25帧/秒、持续时间为0:00:16:00、背景颜色为#FFFFFF的合成，如图2-35所示。

图2-35　整理素材并新建合成

（2）在操作题（1）创建的合成中根据自己的想法添加并调整素材，熟悉After Effects的基本操作。

影视包装制作

随着受众审美水平的提升与市场竞争的日益激烈，影视包装制作在影视后期中逐渐占据重要地位，对影视作品带给受众的第一印象起着关键作用。对影视作品而言，影视包装不仅能在视觉层面上美化作品，还能揭示作品的深层含义，精准地传达作品的主题思想和核心价值，增强作品的吸引力和感染力，从而在受众心中留下深刻印象。

学习目标

▶ **知识目标**

◎ 掌握影视包装的主要类型。
◎ 掌握影视包装的制作要点。

▶ **技能目标**

◎ 能够使用 After Effects 制作不同类型的影视包装。
◎ 能够借助 AI 工具生成影视包装的文案和音乐。

▶ **素养目标**

◎ 时刻关注影视行业的最新动态和流行趋势，不断积累行业知识。
◎ 树立创新精神，勇于尝试新的设计理念和表现手法。

学习引导

STEP 1 相关知识学习 　　　　　建议学时：___1___ 学时

课前预习	1. 扫码了解影视包装的发展历程，建立对影视包装的基本认识。 2. 搜索并欣赏影视包装案例，提升对影视包装的审美水平。
课堂讲解	1. 影视包装的主要类型及对应的制作思路。 2. 影视包装的制作要点。
重点难点	1. 学习重点：制作影视剧与栏目片头、片尾、预告片。 2. 学习难点：转场动画和装饰动画的制作思路，影视包装的创意性与统一性。

课前预习

STEP 2 案例实践操作 　　　　　建议学时：___3___ 学时

实战案例	1. 制作电视剧片头。 2. 制作电影预告片。 3. 制作音乐栏目装饰动画。	**操作要点**	1. 入点和出点、"属性"面板、图层的基本属性。 2. 形状工具组、形状的填充与描边、关键帧的基本操作、"字符"面板。 3. 钢笔工具、关键帧运动路径。

案例欣赏

STEP 3 技能巩固与提升 　　　　　建议学时：___3___ 学时

拓展训练	1. 制作综艺栏目片头。 2. 制作电影片尾。 3. 制作国风栏目转场动画。

AI 辅助 设计	1. 使用文心一言生成电影宣传文案。 2. 使用网易天音生成电影主题曲。
课后练习	通过填空题、选择题和操作题巩固理论知识，提升实操能力。

3.1 行业知识：影视包装制作基础

影视包装是指塑造栏目、影视剧，甚至是电视台的整体形象，旨在通过视觉语言更好地传达影视作品的核心价值和精神内涵。制作不同类型的影视包装要采取不同的思路，并综合考虑作品内容、目标受众及市场需求等多个方面。

3.1.1 影视包装的主要类型

不同形式的影视包装承载着不同的功能，通过巧妙的设计和创新的手法，影视包装能够显著提升影视作品的辨识度和吸引力，进而增强作品的知名度，拓宽受众范围。

1. 预告片

预告片是指为了宣传和推广即将上映的影视剧或即将上线的栏目而制作的视频，目的是吸引受众关注、激发受众兴趣。在制作预告片时，可以通过展示影视作品的精彩画面和关键情节，提高受众的期待值；还可以搭配与画面氛围相符的音乐和旁白，增强预告片的感染力。图3-1所示为《探索奥秘》栏目的预告片设计，其中展示了下期以"中药"为主题的视频画面，同时配以带有疑问的字幕，激发受众对中药知识的探索欲望。

图3-1 《探索奥秘》栏目的预告片

2. 片头

片头作为影视剧或栏目的开场，往往有着精美的画面、独特的名称设计或富有创意的动画效果等。它不仅具有传达信息的功能，还承担着塑造作品形象、加深受众印象的作用。

● 影视剧片头。影视剧片头是指在一部电影或电视剧开始时，用于介绍剧名、出品方、导演、主演等信息的视频片段，不仅具有传递基本信息的功能，还能通过独特的视觉风格和音乐氛围引发受众对剧情的好奇和兴趣。在制作影视剧片头时，可以简短地呈现主要角色和故事情节概要，并使用有创意的文字设计呈现影视剧名。图3-2所示为

《热辣滚烫》电影片头的设计，在主角穿梭于各个场景的同时，根据当前场景中其他人物的行为来展示对应的岗位信息。

● **栏目片头**。栏目片头通常用于向受众传递当前收看栏目的名称，并反映栏目的定位、风格和内容等信息，具有宣传和推广栏目的作用。在制作栏目片头时，需要清晰地展现出栏目的名称，并且应具备明确的导向作用，让受众能迅速了解栏目的类型和主题。图3-3所示为某美食栏目片头的设计，通过展示卡通风格的建筑和美食，巧妙地将文化底蕴与美食享受相结合。

图3-2 《热辣滚烫》电影片头

图3-3 某美食栏目片头

3. 片尾

片尾作为影视剧或栏目的重要组成部分，主要用于展示制作人员名单、版权信息、特别鸣谢等内容，有时也包含一些花絮或彩蛋。片尾不仅是受众对影视剧或栏目的最后印象，也是影视剧或栏目完整性和专业性的体现。

● **影视剧片尾**。影视剧片尾往往通过音乐、画面和字幕的结合，营造出与影视剧主题相呼应的情感氛围。在制作影视剧片尾时，除了可以展示制作团队信息外，还可以回顾作品中意义深远的场景，增强受众的记忆和共鸣。图3-4所示为《长安三万里》电影片尾的设计，随着大唐卷轴徐徐展开，多种方言齐诵千古名篇，呈现出了唐朝时期独特的文化和艺术风格，让受众在电影结束后仍沉浸在唐朝的文化氛围中。

● **栏目片尾**。与影视剧片尾相比，栏目片尾通常更加简洁明了，主要展示主持人、制作团队和赞助商等信息，部分栏目片尾还会包含下一期节目的预告内容，以吸引受众继续关注该栏目。在制作栏目片尾时，其设计风格通常要与栏目的整体包装风格保持一致，以强化栏目的品牌形象和辨识度。若栏目片尾中包含预告内容，则应注重预告内容的选取，要能引发受众对下期内容的兴趣。

图3-4　《长安三万里》电影片尾

4. 转场动画

转场动画是衔接两个画面之间的一种过渡效果，此处特指在栏目中穿插的片段。可以在两个不同的场景之间添加转场动画，避免转场生硬和突兀，同时增加栏目的视觉效果和观赏性；也可以在产生结果（如宣布投票结果、公布晋级名单等）之前添加转场动画，让受众在心理上有所准备，同时增强受众的紧张感和期待感。在制作栏目转场动画时，效果应尽量简洁明了，风格应与栏目整体风格保持一致，以保持视觉上的连贯性和吸引力。图3-5所示为某美食栏目的转场动画，以温暖的橙色调激发受众的食欲，并利用不断变换的形状动画增强画面的视觉冲击力。

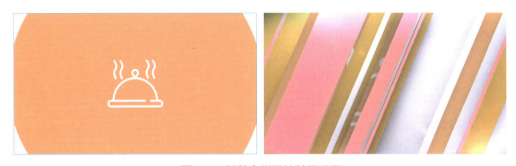

图3-5　某美食栏目的转场动画

5. 装饰动画

装饰动画是指在影视作品中用于装饰和点缀画面的动画元素，它们能够丰富视觉效果，提升受众的观赏体验。在制作装饰动画时，需要确保装饰动画与影视作品之间和谐自然，避免突兀，图3-6所示为一些可用于影视作品的装饰动画。

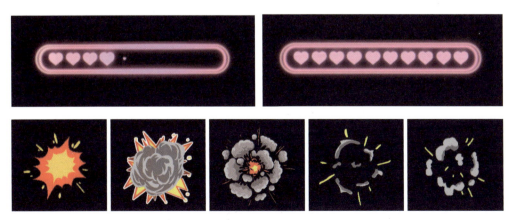

图3-6　装饰动画

3.1.2 影视包装的制作要点

为确保影视包装的制作效果达到预期，在制作影视包装时要注意以下要点。

● **风格明确。**根据影视作品的定位确定影视包装的风格和制作方向。例如，娱乐综艺类栏目的包装可采用鲜艳的色彩搭配，画面突出趣味性和互动性；动作冒险电影的包装可以对比强烈的色调为主，通过快速剪辑营造出紧张、刺激的氛围。

● **信息传达清晰。**简明扼要地传达影视作品的名称、类型、主演等重要信息，确保受众一目了然，适时添加字幕说明或旁白解说，帮助受众更好地理解内容。

● **具有创意性。**应用富有创意和吸引力的视觉元素，如独特的字体和色彩搭配等，以迅速抓住受众的视线，并留下深刻印象。

● **具有统一性。**同一个影视作品的包装应在多个方面遵循统一的视觉原则，如在色彩搭配、字体选择等保持一致性，形成独特的视觉识别系统。此外，栏目Logo、影视剧名称、宣传语、主题曲等元素的展现方式和效果通常保持不变，以增强影视包装的统一性。

3.2 实战案例：制作电视剧片头

案例背景

《筑梦启航》电视剧讲述了4位大学生初入职场，面对各种挑战与挫败，从迷茫中走出来并逐渐成长的故事。现需为该电视剧设计一个有启发性的片头，具体要求如下。

（1）片头内容与剧情相关，体现本剧主题，添加主创人员信息、电视剧名称等字幕。

（2）分辨率为1920像素×1080像素，时长在16秒左右，导出为MP4格式的视频文件。

设计思路

（1）画面设计。根据提供的素材，可以按照时间顺序先展示大学生毕业的场景，然后利用空镜头进行过渡，再展示真实的工作场景，最后以城市的俯瞰视频作为结束画面。

（2）字幕设计。主创人员名单的字幕可采用辨识度高的字体，并将名单的字幕和剧名的字幕放置在不同画面的中心处，以突出显示。

（3）背景音乐设计。背景音乐需契合电视剧主题，选择旋律流畅、节奏明快的音乐。

效果预览

电视剧片头

本例的参考效果如图3-7所示。

图3-7　电视剧片头的参考效果

设计大讲堂

　　空镜头又称景物镜头，是指画面中没有人物（主要指与剧情有关的人物）出现，主要展示自然景物或场景全貌的镜头，常用于介绍环境背景、交代时间空间、抒发人物情绪、推进故事情节、表达创作者态度等，具有说明、暗示、象征、隐喻等作用。在影视作品中，空镜头可以作为过渡或衔接的手段，使情节之间的转换更加自然流畅。

操作要点

操作要点详解

（1）利用入点、出点和拆分图层等功能剪辑视频素材。
（2）添加字幕并利用"属性"面板调整文本样式。
（3）添加剧名和背景音乐，并利用图层的基本属性调整剧名大小。
（4）利用"渲染队列"面板导出MP4格式的视频文件。

3.2.1 剪辑视频素材

微课视频

剪辑视频素材

　　利用入点、出点和拆分图层等功能剪辑多个视频素材，先将两个有关毕业的素材放置在视频开始处，然后利用城市交通的空镜头素材作为过渡画面，表示时间的流逝，接着展示不同的工作画面，最后使用城市风景的空镜头素材作为结束画面。具体操作如下。

　　（1）新建项目，在"项目"面板中双击打开"导入文件"对话框，选择除"名单.txt"外的所有素材，单击 导入 按钮，如图3-8所示。

图3-8　导入素材

　　（2）单击"项目"面板中的"新建文件夹"按钮，输入"空镜头"文本，按【Enter】键完成输入，然后拖曳"立交桥.mp4""城市.mp4"素材至该文件夹中。继续创建"工作""大学"文件夹，并拖曳相应的视频素材至文件夹中，效果如图3-9所示。

（3）新建名称为"电视剧片头"、分辨率为1920像素×1080像素、帧速率为25帧/秒、持续时间为0:00:16:00的合成，单击 确定 按钮，如图3-10所示。

图3-9　整理素材　　　　　　　　　　　图3-10　新建合成

（4）拖曳"抛学士帽.mp4"素材至"时间轴"面板，将时间指示器移至0:00:02:00处，然后将鼠标指针移至该素材入点处，当鼠标指针变为 形状时，按住鼠标左键不放并向右拖曳（拖曳时按住【Shift】键可在靠近时间指示器时自动吸附），拖曳到合适位置后释放鼠标左键可改变入点位置，如图3-11所示。

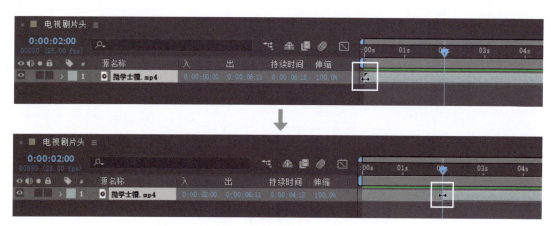

图3-11　调整素材入点

（5）将时间指示器移至0:00:04:00处，拖曳素材出点至该时间点，再向左拖曳整个素材，使其入点与起始处对齐，如图3-12所示。

图3-12　调整素材位置

（6）拖曳"大学毕业.mp4"素材至"时间轴"面板底层，先向右拖曳素材，使其与"抛学士帽.mp4"素材的出点衔接，再拖曳出点至时间指示器所在位置，如图3-13所示。

图3-13　调整"大学毕业.mp4"素材的入点和出点

（7）依次添加其他视频素材并调整其入点和出点，选取其中2秒的片段，然后使各个视频素材依次衔接，再将时间指示器移至起始处，如图3-14所示。在调整"工作.mp4"素材时，由于时长过长，不易直接拖曳出点，可使用【Ctrl+Shift+D】组合键拆分图层，然后删除后半部分的片段。

图3-14　添加并调整其他视频素材

（8）按空格键预览视频画面，效果如图3-15所示。

图3-15　画面效果

3.2.2　添加名单字幕

现需在画面中间添加创作人员名单的字幕，但不同视频素材的画面色彩较为杂乱，为使字幕具有统一性，可使用黑色作为字体颜色，再利用白色描边加强其显示效果。具体操作如下。

微课视频

添加名单字幕

（1）选择"横排文字工具" T，在画面中输入"导演：黄石艺 监制：陈澈"文本，然后在"属性"面板的"文本"栏中设置字体为"方正兰亭中黑简体"、字体大小为"100像素"、行距为"140像素"、字符间距为"20"、填充颜色和描边颜色分别为"#000000""#FFFFFF"、描边宽度为"8像素"。接着在"段落"面板中单击"居中对齐文本"按钮 使其处于激活状态 ，如图3-16所示，字幕效果如图3-17所示。

图3-16　设置文本样式

图3-17　字幕效果

（2）在"时间轴"面板中调整字幕的入点和出点，使其与"大学毕业.mp4"素材的入点和出点对齐，如图3-18所示。

图3-18　调整字幕的入点和出点

（3）在"时间轴"面板中选择字幕素材，按3次【Ctrl+D】组合键进行复制，依次将复制素材的内容修改为"名单.txt"素材中的其他字幕内容，再调整入点和出点的位置，与"商务场合握手.mp4""工作.mp4""开会.mp4"视频素材的入点和出点对齐，如图3-19所示，字幕效果如图3-20所示。

图3-19　调整其他字幕入点和出点的位置

图3-20　字幕效果

微课视频

添加电视剧名和背景音乐

3.2.3　添加电视剧名和背景音乐

添加电视剧名素材和背景音乐素材，通过调整入点使电视剧名在最后一段画面中出现，而背景音乐需要贯穿整个片头，无须调整入点和出点。再放大电视剧名素材，并使其居中显示，让受众能够快速获取该信息。具体操作如下。

（1）依次拖曳"筑梦启航.png"素材和"背景音乐.mp3"素材至"时间轴"面板顶层，然后调整"筑梦启航.png"素材的入点至0:00:14:01处，如图3-21所示。

图3-21　添加素材并调整入点

（2）在"时间轴"面板中单击"筑梦启航.png"图层左侧的▶按钮，再展开"变换"栏，设置缩放为"120.0%,120.0%"，然后在"合成"面板中调整其在画面中的位置。

（3）预览视频最终效果，如图3-22所示。按【Ctrl+S】组合键，打开"另存为"对话框，在其中设置好存储位置，并设置文件名为"电视剧片头"，单击 保存(S) 按钮保存项目。

图3-22　视频最终效果

3.2.4　导出视频

微课视频

将制作好的电视剧片头导出为MP4格式的视频文件，使其能够在各个平台中顺利播放。具体操作如下。

导出视频

（1）选择【合成】/【添加到渲染队列】命令或按【Ctrl+M】组合键，将"电视剧片头"合成添加到"渲染队列"面板中，单击"输出模块"右侧的 无损，打开"输出模块设置"对话框，在"格式"下拉列表中选择"H.264"选项，如图3-23所示，然后单击 确定 按钮。

（2）在"渲染队列"面板中单击"输出到"右侧的 尚未指定，打开"将影片输出到："对话框，在其中设置输出位置后单击 保存(S) 按钮，如图3-24所示。

图3-23　设置输出格式　　　　　图3-24　设置输出位置

操作小贴士

若要在After Effects中导出MP4格式的视频文件，需要选择"H.264"作为输出格式，这个操作实际上是将视频编码设置为H.264格式，并将其封装在MP4容器中，因为MP4格式能够很好地支持H.264编码的视频文件，并提供高效的压缩能力和广泛的兼容性。

（3）单击"渲染队列"面板中的 渲染 按钮开始渲染，渲染结束后，在设置的文件输出位置查看导出的视频文件，如图3-25所示。

图3-25　查看导出的视频文件

3.3 实战案例：制作电影预告片

案例背景

《梦回之境》电影讲述了主角穿越梦境与现实的冒险之旅，探讨其内心世界的秘密、对未知的探索欲以及对真相的渴望，现需为该电影制作一个预告片，具体要求如下。

（1）预告片开场要具有创意性，能够吸引受众的注意。

（2）根据提供的角色配音展示相关的画面。

（3）分辨率为1920像素×1080像素，时长在30秒左右，导出为MP4格式的视频文件。

设计思路

（1）开场设计。开场时画面从中间开始向上和向下缓缓展开，逐渐展现电影画面，营造神秘感，让受众快速进入观影氛围。

（2）剪辑思路。根据配音内容剪辑视频素材，保留与配音内容相关的画面，使音画同步，加强统一性。

（3）字幕设计。在画面的上方和下方留出黑色区域作为字幕背景，上层字幕用于展示电影名称、主题和上映时间，下层字幕用于展示配音内容。

本例参考效果如图3-26所示。

效果预览

电影预告片

图3-26　电影预告片的参考效果

操作要点

（1）利用形状工具组中的工具绘制黑色矩形，再利用关键帧制作开场动画。

（2）根据配音时长调整各视频素材的入点和出点。

（3）添加字幕并使用"字符"面板调整样式，再利用关键帧为上层字幕制作渐显效果。

操作要点详解

3.3.1　制作开场动画

创建两个黑色矩形遮盖画面，利用位置属性的关键帧分别制作向上和向下的移动动画。具体操作如下。

（1）新建项目，再新建一个名称为"电影预告片"、分辨率为1920像素×1080像素、帧速率为24帧/秒、持续时间为0:00:32:00的合成。

（2）拖曳"夜晚.mp4"素材至"时间轴"面板，并调整出点至00:00:03:00处，单击"时间轴"面板的空白处取消选中该图层。

微课视频

制作开场动画

（3）选择"矩形工具" ，单击"填充"右侧的色块，打开"形状填充颜色"对话框，设置颜色为"#000000"，单击 按钮，再在"填充"色块右侧设置描边宽度为"0像素"。

（4）使用"矩形工具" 创建一个与合成等大的黑色矩形，在"时间轴"面板中依次展开形状图层的"矩形1""变换：矩形1"栏，单击比例属性右侧的"约束比例"按钮，使其处于关闭状态，然后设置比例为"100.0,50.0%"，如图3-27所示，矩形效果如图3-28所示。

图3-27　设置矩形比例

图3-28　矩形效果

操作小贴士

使用形状工具组中的工具创建形状时，若处于选中图层的状态，将会为选中的图层创建对应形状的蒙版，若处于未选中图层的状态则会创建独立存在的形状图层。

（5）在"形状图层1"图层上单击鼠标右键，在弹出的快捷菜单中选择"重命名"命令，激活名称文本框，在其中输入"上矩形"文本，按【Enter】键完成输入。然后保持选中图层的状态，在"对齐"面板中单击"顶对齐"按钮，使该图层中的矩形与合成的顶部对齐。

（6）按【Ctrl+D】组合键复制"上矩形"图层，并将复制得到的图层重命名为"下矩形"，在"对齐"面板中单击"底对齐"按钮，使复制图层中的矩形与合成的底部对齐。

（7）同时选择"上矩形""下矩形"图层，按【P】键显示位置属性，单击位置属性左侧的"时间变化秒表"按钮，开启关键帧，此时将自动在时间指示器位置添加关键帧，如图3-29所示。

图3-29　添加位置属性的关键帧

操作小贴士

　　若想快速显示需要调整的图层属性，可在选择图层后，按【A】键显示锚点属性，按【P】键显示位置属性，按【S】键显示缩放属性，按【R】键显示旋转属性，按【T】键显示不透明度属性。

（8）将时间指示器移至00:00:02:00处，选择"选取工具"，先单击"合成"面板中的任意空白区域，以取消选中图层，再选择上方的矩形，将鼠标指针移至该矩形中，按住【Shift】键，按住鼠标左键不放并向上拖曳至图3-30所示的位置，此时将自动添加位置属性的关键帧。

图3-30　调整上矩形的位置

（9）使用与步骤（8）相同的方法向下拖曳下方的矩形，矩形的动画效果如图3-31所示。

图3-31　矩形的动画效果

3.3.2 根据配音剪辑视频素材

　　添加配音素材后，先试听音频内容，再根据内容选取合适的视频素材，使画面与配音内容对应，再利用入点和出点剪辑视频素材。具体操作如下。

　　（1）拖曳"配音1.MP3"素材至"时间轴"面板，试听音频，拖曳"向前奔跑.mp4"素材至配音素材上方，先将视频素材的出点调整至与配音素材对齐，再统一移动入点至0：00：03：00处，如图3-32所示。

图3-32　添加素材并调整入点和出点

　　（2）拖曳"配音2.MP3"素材至"时间轴"面板，试听音频，拖曳"男子.mp4"素材至该素材上方，调整两个素材的入点至"配音1.MP3"素材的出点处。

　　（3）将时间指示器移至0：00：13：08处，拖曳"向前走去.mp4"素材至"配音2.MP3"素材上方，并使其入点与时间指示器对齐，再将出点调整至与"配音2.MP3"素材出点对齐。在时间指示器位置拆分"男子.mp4"素材，并删除多余的后半部分，如图3-33所示。

图3-33　拆分素材并删除多余部分

　　（4）使用与步骤（2）、（3）相同的方法依次添加其他配音素材和对应的视频素材，并调整入点和出点，参考位置如图3-34所示，画面预览效果如图3-35所示。

图3-34　添加并调整其他素材

图3-35　画面预览效果

（5）选择所有视频素材所在图层，单击鼠标右键，在弹出的快捷菜单中选择"预合成"命令，打开"预合成"对话框，设置新合成名称为"视频"，其余选项保持默认设置，单击 确定 按钮。

3.3.3　添加字幕并制作动画

微课视频添加字幕并制作动画

先输入上层字幕，然后利用不透明度属性的关键帧制作渐显动画，让受众快速了解电影的具体信息；再输入下层字幕，为契合配音内容，可再根据配音的波形调整下层字幕的入点和出点，帮助受众更好地理解预告片内容。具体操作如下。

（1）选择"横排文字工具" T ，在上方矩形的左侧区域输入"梦回之境"文本，在"字符"面板中设置图3-36所示的文本样式。

（2）在字幕右侧输入"探索梦境与现实的界限"文本，修改字体大小为"40像素"，在上方矩形的右侧区域输入"10月24日上映"文本，修改字体大小为"66像素"，效果如图3-37所示。

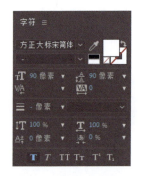
　　图3-36　设置文本样式（1）

　　图3-37　上层字幕效果

（3）将时间指示器移至0:00:02:00处，同时选择3个文本图层，按【T】键显示不透明度属性。单击不透明度属性左侧的"时间变化秒表"按钮，开启关键帧，并设置不透明度为"0%"。再将时间指示器移至0:00:03:00处，设置不透明度为"100%"，如图3-38所示，上方字幕的动画效果如图3-39所示。

图3-38　添加不透明度属性的关键帧

图3-39　上方字幕的动画效果

（4）使用"横排文字工具" T 在下方矩形的中间区域输入"在我梦里，有个女子在不断奔跑"文本，设置图3-40所示的文本样式。在"对齐"面板中单击"水平对齐"按钮 ，字幕效果如图3-41所示。

图3-40　设置文本样式（2）　　　　图3-41　下方字幕效果

（5）在"时间轴"面板中将形状图层和"视频"预合成移至底层，拖曳"配音1.MP3"素材至所有文本图层下方，并将步骤（4）创建的文本图层移至该配音素材上方。依次展开配音素材图层的"音频""波形"栏，试听音频内容，结合波形图（波形断开位置较明显，便于作为文本图层入点和出点的参考位置）调整文本图层的入点和出点，如图3-42所示。

图3-42　调整文本图层的入点和出点

（6）添加其他配音素材，多次复制步骤（4）创建的文本图层，依次将内容修改为"电影信息.txt"素材中的文本内容，然后根据配音中的内容调整文本图层的入点和出点，如图3-43所示。

图3-43　复制、修改文本图层并调整其入点和出点

（7）拖曳"背景音乐.MP3"素材至"时间轴"面板，预览最终效果，如图3-44所示。最后按【Ctrl+S】组合键保存项目，并命名为"电影预告片"，再导出为MP4格式的视频文件。

图3-44　最终效果

3.4 实战案例：制作音乐栏目装饰动画

案例背景

"乐动心弦"栏目旨在通过深入的音乐赏析、生动的现场表演，引领受众感受音乐背后蕴含的故事与文化底蕴。该音乐栏目拟定于2025年上线，现需为该栏目的标题设计一个具有独特风格的装饰动画，以增强其视觉吸引力，具体要求如下。

（1）动画效果流畅、自然，具有吸引力，添加与音乐相关的元素。

（2）分辨率为1920像素×1080像素，时长在10秒左右，导出为MP4格式的视频。

设计思路

（1）标题样式设计。在"乐动心弦"栏目标题下方添加"2025"文本，既能表明栏目上线年份，还能作为文本背景使用；在年份文本周围添加装饰线条和音符元素，加强设计感。

（2）动画设计。依次为文本、线条、音符制作渐显动画，使其具有层次感，再为标题整体制作移动和缩放动画，使其从画面中心移至右下角。

本例参考效果如图3-45所示。

效果预览

音乐栏目装饰动画

图3-45　音乐栏目装饰动画的参考效果

操作要点

（1）输入标题，使用钢笔工具为标题绘制描边，在其周围添加音符素材。

（2）利用缩放、不透明度、位置和修剪路径属性制作关键帧动画，并调整音符的关键帧路径。

操作要点详解

3.4.1 设计栏目标题样式

输入年份和栏目标题文本，然后使用钢笔工具沿着文本绘制装饰线条，在线条周围添加音符元素。具体操作如下。

（1）新建项目，再新建一个名称为"音乐栏目装饰动画"、分辨率为1920像素×1080像素、帧速率为25帧/秒、持续时间为0:00:10:00、背景颜色为#FFFFFF的合成，导入所有素材。

（2）选择"横排文字工具"🔳，在画面中间输入"2025"文本，在"字符"面板中设置

微课视频

设计栏目标题样式

图3-46所示的文本样式，设置填充颜色为"#2CFF02"。

（3）在画面中间输入"乐动心弦"文本，修改填充颜色为"#000000"，字体大小为"200像素"，效果如图3-47所示。

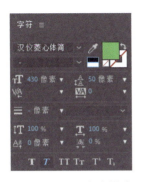

图3-46　设置文本样式　　　　　图3-47　添加标题文本

（4）取消选中文本图层，选择"钢笔工具" ✐ ，单击工具栏中的 填充 ，打开"填充选项"对话框，单击"无"按钮✗取消填充，单击 确定 按钮，如图3-48所示。

（5）单击"描边"右侧的色块，打开"形状描边颜色"对话框，设置颜色为"#FCFF1D"，单击 确定 按钮，再在该色块右侧设置描边宽度为"20像素"。

（6）将鼠标指针移至"乐"字的左上角处，单击以创建第一个锚点，然后将鼠标指针向右平移至"乐"字的右上角处，单击以创建第二个锚点，两个锚点之间将显示黄色的线段，如图3-49所示。

图3-48　取消填充　　　　　图3-49　创建第二个锚点后的效果

（7）在画面中继续单击以创建多个锚点，绘制出图3-50所示的线段，单击"选取工具" ▶ 结束绘制，线条效果如图3-51所示。

图3-50　绘制线段　　　　　图3-51　线条效果

（8）拖曳所有音符素材至"时间轴"面板，保持选择所有音符素材图层的状态，按【S】

键显示缩放属性，设置缩放为"30.0,30.0%"，如图3-52所示。再在"节目"面板中适当调整音符位置，画面效果如图3-53所示。

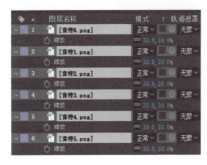

图3-52 调整音符素材的缩放属性

图3-53 调整音符位置

3.4.2 制作装饰动画

分别为两个文本制作逐渐放大的动画，加强其视觉冲击力；再为线条制作绘制动画，为音符制作渐显和移动动画，使画面更具层次感；最后制作栏目标题移至画面右下角的动画。具体操作如下。

微课视频

制作装饰动画

（1）选择两个文本图层，按【Ctrl+Alt+Home】组合键将锚点调整至图层中心，然后分别在图3-54所示的位置为这两个图层添加缩放属性的关键帧，制作从"0%"到"100%"的放大动画。

图3-54 添加缩放属性的关键帧

（2）在"时间轴"面板中展开"形状图层1"图层，单击"内容"栏右侧的"添加"按钮 ，在弹出的菜单中选择"修剪路径"命令，此时将自动在"内容"栏中添加"修剪路径 1"栏，展开该栏，单击结束属性左侧的"时间变化秒表"按钮 ，开启关键帧，然后设置结束为"0.0%"。

（3）将时间指示器移至0:00:03:00处，设置结束为"100.0%"，此时将自动添加关键帧，如图3-55所示。

图3-55 自动添加结束属性的关键帧

（4）预览画面效果，可发现线条从右上角开始绘制，因此可设置偏移为"0x+106°"，使其从左上角开始绘制，以符合绘制习惯，效果如图3-56所示。

图3-56　绘制效果

（5）选择所有音符素材图层，按【P】键显示位置属性，在0:00:04:00处开启并添加该属性的关键帧，然后将时间指示器移至0:00:03:00处，调整每个音符的位置，使其呈现出从标题外移至标题内的效果，参考位置如图3-57所示。

（6）选择"转换'顶点'工具" ▷，将鼠标指针移至"音符1.png"素材运动路径左下方的方框处，按住鼠标左键不放并向上拖曳鼠标，使运动路径由直线变为曲线，如图3-58所示。

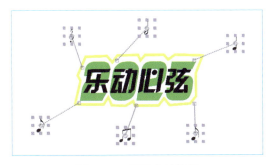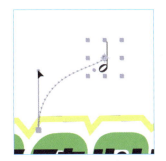

图3-57　调整音符位置　　　　　　图3-58　调整关键帧运动路径

操作小贴士

在关键帧运动路径中，方框代表已添加的关键帧，选中某个方框时，可同时选中"时间轴"面板中对应的关键帧。选择"选取工具" ▷ 后，将鼠标指针移至运动路径的方框上方，按住鼠标左键不放并拖曳鼠标，可直接调整该关键帧对应的位置属性。

（7）使用与步骤（6）相同的方法，调整其他音符的关键帧运动路径，如图3-59所示。拖曳时间指示器查看运动效果，可发现音符按照曲线运动路径进行移动，如图3-60所示。

图3-59　调整其他音符的关键帧运动路径　　　　图3-60　查看运动效果

操作小贴士

　　对象在沿着运动路径移动时，并不会随着路径的转向而改变方向，因此在制作需改变方向的移动动画时，可选择对象所在图层，选择【图层】/【变换】/【自动定向】命令或按【Ctrl+Alt+O】组合键，打开"自动定向"对话框，选中"沿路径定向"单选项，单击 确定 按钮。

　　（8）选择所有音符素材图层，按【T】键显示不透明度属性，分别在0:00:03:00和0:00:04:00处添加不透明度为"0%""100%"的关键帧，音符的动画效果如图3-61所示。

图3-61　音符的动画效果

　　（9）选择所有图层，单击鼠标右键，在弹出的快捷菜单中选择"预合成"命令，打开"预合成"对话框，设置新合成名称为"标题"，其余选项保持默认设置，单击 确定 按钮。

　　（10）将时间指示器移至0:00:05:00处，先按【P】键显示位置属性，开启该属性的关键帧，再按【S】键显示缩放属性并开启该属性的关键帧。

　　（11）按【U】键将显示所有已添加关键帧的属性，将时间指示器移至0:00:06:00处，设置位置为"1563.0,879.0"、缩放为"56.7,56.7%"，使其缩小后位于画面右下角。

操作小贴士

　　选择图层后按【U】键，将只显示所选图层中已添加关键帧的属性；若在未选择图层的情况下按【U】键，将显示所有图层中已添加关键帧的属性。另外，在"时间轴"面板中，连续按两次【U】键将显示所有更改过参数的属性，包括与原始参数不同的属性及已添加关键帧的属性。

　　（12）拖曳"音乐.mp4"素材至"时间轴"面板底层，预览画面效果，由于视频部分的背景与"乐动心弦"文本均为黑色，因此可在"字符"面板中为该文本添加10像素的白色描边，利用描边强化画面的层次感，最终效果如图3-62所示。最后按【Ctrl+S】组合键保存项目，并命名为"音乐栏目装饰动画"，再导出MP4格式的视频文件。

图3-62　最终效果

3.5　拓展训练

实训1　制作综艺栏目片头

实训要求

（1）为"欢乐大挑战"综艺栏目制作具有创意的片头，增强该栏目的辨识度，并加深受众对该栏目的印象。

（2）分辨率为1280像素×720像素，时长在8秒左右，导出为MP4格式的视频文件。

（3）栏目名称醒目，色彩明亮，采用暖色调，通过节奏明快的动画营造出欢快的氛围。

设计大讲堂

　　暖色调是指视觉观感呈温暖倾向的色彩，通常包括红色、橙色、黄色以及它们的近似色，这些色彩常与炽热、温暖、热烈、热情等积极意象相关联。在心理学中，暖色调的色彩常被视为兴奋、活力的象征，因为这些色彩具有明亮、充满活力的特点，能够激发人们的积极向上的情绪。在影视作品中，运用暖色调的鲜明色彩不仅能产生强烈的视觉效果，还能有效吸引受众视线。

操作思路

（1）以"合成-保持图层大小"的形式导入PSD格式的素材，再单独调整所生成合成的持续时间。

（2）隐藏部分图层，利用位置属性的关键帧分别为3个山峰图层制作从下至上移动的动画，使画面更具层次感。

（3）显示部分图层并调整入点，结合位置属性和不透明度属性依次为云、高光和装饰元素制作动画，增强画面的趣味性。

（4）显示所有图层，在球体中间输入"欢乐大挑战"文本，并在"属性"面板中调整文本样式，使其在画面中突出显示。

（5）结合缩放、旋转、不透明度属性的关键帧分别为球体和文本制作动画，增强画面的视觉冲击力，使受众能够快速注意到栏目名称。

具体制作过程如图3-63所示。

效果预览

综艺栏目片头

①导入PSD格式的素材

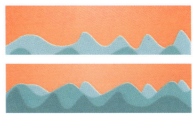

②制作山峰移动动画

图 3-63　综艺栏目片头制作过程

③为云、高光和装饰元素制作动画

④输入文本并为球体和文本制作动画

图3-63 综艺栏目片头制作过程（续）

实训要求

（1）为某电影制作片尾，展示主演、工作人员等信息。

（2）尺寸为1920像素×1080像素，时长在10秒左右，导出为MP4格式的视频文件。

（3）在片尾先展示电影中的视频片段，然后展示演员和工作人员的信息。

（4）文本信息在画面中以流畅、自然的方式逐渐出现。

操作思路

（1）以"合成-保持图层大小"的形式导入PSD格式的素材，在画面右侧放置视频素材。

（2）新建合成，将PSD素材生成的"放映机"合成拖曳到其中，然后利用位置属性和缩放属性的关键帧为"放映机"合成制作移动和缩小动画，模拟摄像机的拉镜头效果。

（3）在"放映机"合成中利用不透明度属性的关键帧分别为视频素材和光线制作消失和闪现的动画，再制作利用放映机切换播放画面的效果。

（4）添加背景音乐，再添加两次开关音效并调整其入点，使其在调整放映机时出现，增强画面的真实感。

（5）输入文本信息并调整文本样式，然后利用位置属性的关键帧制作从下至上的移动动画，使文本在画面右侧滚动出现，吸引受众视线。

具体制作过程如图3-64所示。

效果预览

电影片尾

①导入PSD格式的素材

②添加视频素材并调整位置属性和缩放属性

③为"放映机"合成制作动画

④为视频素材和光线制作动画并添加背景音乐和音效

⑤输入文本并制作移动动画

图3-64　电影片尾制作过程

实训 3　制作国风栏目转场动画

实训要求

（1）为某国风栏目设计一段提示受众"稍后回来"的转场动画。

（2）分辨率为1920像素×1080像素，时长在6秒左右，导出为MP4格式的视频文件。

（3）转场动画的风格与栏目的国风主题相契合，色彩淡雅，动画自然。

操作思路

（1）新建合成并添加背景素材，添加小船素材并利用位置属性的关键帧制作移动动画，再适当调整关键帧运动路径，使小船在河中的移动效果更加真实。

（2）添加并复制小鸟素材，先适当调整其大小和位置，然后利用位置属性的关键帧制作移动动画，再适当调整关键帧运动路径，并开启沿路径定向功能，使其符合现实运动规律。

（3）添加云素材，利用不透明度属性和缩放属性的关键帧制作渐显动画。

（4）在云中输入"稍后回来"文本，并采用与画面相似的色彩，使画面具有统一性，再利用不透明度属性和缩放属性的关键帧制作渐显动画。

具体制作过程如图3-65所示。

效果预览

国风栏目转场动画

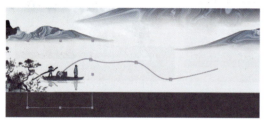

①为小船制作移动动画并调整关键帧运动路径

②为小鸟制作移动动画并调整关键帧运动路径

③为云制作渐显动画

④输入文本并制作渐显动画

图3-65　国风栏目转场动画制作过程

3.6　AI辅助设计

文心一言　生成电影宣传文案

文心一言是百度推出的一款生成式AI写作工具，能够理解人类语言，与人类进行自然、流畅的交互。它的应用场景非常广泛，包括但不限于知识问答、文本创作、知识推理、数学计算。在影视领域，文心一言可以帮助制作人员撰写影视作品所需的字幕、宣传语、广告语等文案。例如，使用文心一言为电影《逆转时空》生成宣传文案。

提问

提问方式：交代背景＋告知需求＋补充说明。

示例：《逆转时空》讲述了一位年轻物理学家为了拯救挚爱之人免受即将发生的悲剧，毅然决然地踏上了逆转时空的征途。该电影深刻展现了爱的力量如何超越时间与空间的限制，成为激励主角勇往直前的最大动力。请为这部电影写一段宣传文案，用于预告片中，引起观众的兴趣。

> 《逆转时空》讲述了一位年轻物理学家为了拯救挚爱之人免受即将发生的悲剧，毅然决然地踏上了逆转时空的征途。该电影深刻展现了爱的力量是如何超越时间与空间的限制，成为激励主角勇往直前的最大动力。请为这部电影写一段宣传文案，用于预告片中，引起观众的兴趣。
>
> **开篇：爱的呼唤**
>
> 在时间的长河中，我们都是匆匆过客，但爱，却能成为那抹最耀眼的光芒，穿透岁月的尘埃，照亮前行的道路。
>
> **角色介绍：科学家的抉择**
>
> 他，一位才华横溢的年轻物理学家，面对科学的浩瀚与未知，心中却藏着一份深沉的爱。当挚爱之人面临无法逆转的悲剧，他毅然决然地选择了一条前所未有的道路——逆转时空。
>
> **挑战：与时间的较量**
>
> 这是一场与时间的较量，每一次尝试都可能是生命的代价。但爱，这股无形而强大的力量，让他无所畏惧，勇往直前。他相信，只要心中有爱，就能超越时间的尽头，改写命运的篇章。
>
> **电影预告：《逆转时空》**
>
> 《逆转时空》—— 一部关于爱、勇气与牺牲的终极冒险。它不仅仅是一部电影，更是一次心灵的震撼，一次对爱的深刻探讨。
>
> **结尾：奇迹的诞生**
>
> 当爱超越时空，奇迹，就此诞生。让我们一起，见证这场关于爱的伟大旅程，感受那份超越时间与空间的深情力量。
>
> 重新生成

网易天音　生成电影主题曲

网易天音是网易推出的一站式AI音乐创作平台，能够根据用户输入的歌词、旋律、节奏等内容，自动生成个性化的音乐作品，省去了烦琐的编曲过程，旨在提供便捷、高效的音乐创作体验。在影视领域，网易天音可以帮助制作人员定制影视作品的专属音乐。例如，使用网易天音为电影《逆转时空》生成主题曲。

一键写歌

使用方式：输入灵感关键词 → 设置段落结构 → 选择音乐类型 → AI写歌 → 调整歌词/音乐效果 → 下载文件。

主要参数：灵感关键词、段落结构、音乐类型、AI人声、AI伴奏等。

示例参数如下。

灵感关键词：拯救、时空、爱。

段落结构：全曲模式。

音乐类型：电子。

AI人声：崔璨。

AI伴奏：迷幻陷阱。

示例效果如下。

效果预览

电影主题曲

拓展训练

　　请参考上面提供的文心一言和网易天音的使用方法，为以"青春"为主题的电影《晨光》编写宣传文案，并生成片尾曲，提升对文心一言和网易天音的应用能力。

3.7　课后练习

1. 填空题

　　（1）＿＿＿＿＿＿是指为了宣传和推广即将上映的影视剧或即将上线的栏目而制作的视频，目的是吸引受众关注、激发受众兴趣。

（2）_____是指在影视作品中用于装饰和点缀画面的动画元素，它们能够丰富视觉效果，提升受众的观赏体验。

（3）若要编辑文本样式，可以在_____面板和_____面板中进行调整。

（4）向文心一言提问，寻求电影宣传文案撰写思路时，可采用_____的提问方式。

2. 选择题

（1）【单选】若要制作装饰元素从左侧移动到右侧的动画，需要为该元素的（　　）属性添加关键帧。

A. 位置　　　　　　　B. 缩放　　　　　　　C. 旋转　　　　　　　D. 锚点

（2）【单选】若要快速显示某个图层的缩放属性，可在选择图层后按（　　）键。

A.【P】　　　　　　　B.【U】　　　　　　　C.【R】　　　　　　　D.【S】

（3）【多选】网易天音的主要功能有（　　）。

A. 一键写歌　　　　　B. AI写词　　　　　　C. AI编曲　　　　　　D. 音乐推荐

（4）【多选】在同一个影视包装项目中，（　　）等元素的展示方式和效果通常是保持不变的，以增强影视包装的统一性。

A. 栏目Logo　　　　　B. 主题曲　　　　　　C. 影视剧名称　　　　D. 宣传语

（5）【多选】要实现图3-66所示的文字动画效果，需要为（　　）属性添加关键帧。

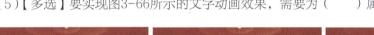

图3-66　文字动画效果

A. 修剪路径　　　　　B. 缩放　　　　　　　C. 不透明度　　　　　D. 旋转

3. 操作题

（1）为《探寻美食》栏目制作一个片尾，用于展示该栏目的工作人员名单。要求在片尾中展示当期节目的部分内容，参考效果如图3-67所示。

效果预览

《探寻美食》
栏目片尾

图3-67　栏目片尾的参考效果

（2）为某益智娱乐栏目设计一个转场动画，要求画面富有创意和节奏感，并添加"欢迎回来"文本，参考效果如图3-68所示。

图3-68　栏目转场动画的参考效果

（3）使用文心一言为一档非遗文化科普栏目生成宣传文案，再使用网易天音为该栏目生成一段宣传曲，参考效果如图3-69所示。

图3-69　参考效果

Ae

第 章

影视广告制作

影视广告作为传播信息、塑造品牌形象、引导社会舆论的重要载体，其影响力已超越传统媒介的范畴，成为连接受众与企业、品牌和产品的桥梁，推动着社会文化的发展。影视广告不仅以独特的视觉魅力和叙事技巧吸引了众多受众，更潜移默化地传递着企业和品牌的价值理念、产品的独特优势以及深层次的文化内涵，对社会经济、文化、生活等多个领域都产生了深远的影响。

学习目标

▶ **知识目标**

◎ 认识影视广告的主要类型。
◎ 掌握影视广告的制作要点和表现形式。

▶ **技能目标**

◎ 能够使用 After Effects 制作不同类型的影视广告。
◎ 能够借助 AI 工具生成影视广告的文案、配音和视频。

▶ **素养目标**

◎ 提高洞察力和培养创意思维，创作出既符合市场流行趋势又具有创新性的影视广告。
◎ 培养社会责任感，积极在影视广告中传递正确的价值观。

学习引导

STEP 1 相关知识学习　　　　　　建议学时：＿＿1＿＿学时

课前预习
1. 扫码了解广告的发展历程和影视广告的发展趋势，建立对影视广告的基本认识。
2. 搜索并欣赏影视广告案例，提升对影视广告的审美。

课前预习

课堂讲解
1. 影视广告的主要类型。
2. 影视广告的制作要点和表现形式。

重点难点
1. 学习重点：不同类型影视广告的作用和内容特点。
2. 学习难点：影视广告的创意表现。

STEP 2 案例实践操作　　　　　　建议学时：＿＿2＿＿学时

实战案例
1. 制作公益广告片。
2. 制作家居品牌形象片。

操作要点
1. 调色效果、图层样式。
2. 过渡效果、文本动画预设。

案例欣赏

看，生命的绿色，正悄悄蔓延

自悦居逸家居品牌成立16年以来，始终秉持着"匠心筑梦"的理念，致力于为每一个家庭打造幸福空间。

STEP 3 技能巩固与提升　　　　　　建议学时：＿＿2＿＿学时

拓展训练
1. 制作助农微电影。
2. 制作企业专题片。

AI 辅助设计
1. 使用通义生成影视广告文案。
2. 使用魔音工坊生成影视广告配音。
3. 使用一帧秒创生成影视广告视频。

课后练习　通过填空题、选择题和操作题巩固理论知识，提升实操能力。

4.1 行业知识：影视广告制作基础

影视广告作为一种重要的广告形式，通过电影、电视等影视媒体进行传播，通过视觉和听觉，生动、直观且富有感染力地向大众传递特定的信息或理念。

4.1.1 影视广告的主要类型

在制作影视广告时，需要根据广告对象的特点和目标受众的需求选择合适的类型，并注重创意、画面、音效等方面的制作质量，确保广告能有效传播并取得良好效果。

- 广告片。广告片是影视广告常见的形式之一，主要用于推广品牌、产品或服务。根据广告目的和内容的不同，广告片可以进一步细分为商业广告片和公益广告片。其中商业广告片侧重于展示品牌的产品或服务的独特卖点、优势及特点，公益广告片旨在宣传社会道德、环境保护、安全交通等非营利性内容。图4-1所示为某牛奶品牌的广告片，通过展示牧场和生产环境的画面，有效传达出该品牌对品质的严格把控和对食品安全的承诺，从而增强消费者对品牌的信任感。

图4-1　某牛奶品牌的广告片

- 形象片。形象片主要用于塑造和提升产品、品牌或城市的整体形象。其中，产品形象片主要通过展示产品的优势，建立产品在消费者心中的良好形象；品牌形象片需要传递品牌的价值观、态度和定位，增强品牌的识别度；城市形象片需要展现城市的自然风光、历史文化、现代建设和发展成就等，提升城市的知名度和美誉度。图4-2所示为四川的城市形象片，其中展示了多个著名景点，能够让受众感受到四川自然风光的独特魅力，激发他们的好奇心和探索欲。

图4-2　四川的城市形象片

- **纪录片**。纪录片是以真实生活为创作素材，以真人真事为表现对象，并对其进行艺术性加工处理的影视广告形式。在影视广告中，纪录片常用于展示品牌或产品的背后故事、制作工艺或企业文化等。图4-3所示为介绍中国剪纸的纪录片，通过细腻的镜头语言，深入挖掘并展示了剪纸艺术的起源、发展、制作工艺以及其在现代社会中的传承与创新，不仅提升了大众对剪纸艺术的认知度和兴趣，也为我国传统文化的传承与发展做出了积极贡献。

图4-3　介绍中国剪纸的纪录片

- **专题片**。专题片是围绕某一特定主题或对象进行深入介绍和阐述的影视广告类型，常在客户推介会、经销商大会、行业展会等场合进行播放。图4-4所示为某市的特色农产品专题片，以该市丰富的农业资源和独特的农产品为主题，通过精心策划的镜头语言和深入浅出的解说，全方位、多角度地展示了这些农产品的独特魅力和市场价值，使农产品与市场的联系更加紧密，从而推动当地农业的快速发展。

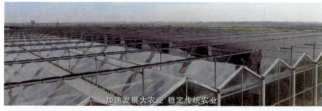

图4-4　特色农产品专题片

- **微电影**。微电影是近年来兴起的一种影视广告形式，通常具有完整的故事情节和人物塑造，时长较短。常通过微电影讲述一个完整而富有感染力的故事，将一些正能量的理念、产品特性、企业文化等巧妙地融入其中，吸引受众的关注。图4-5所示为宣传反诈的微电影，通过讲述一个男生被网络博主骗钱的故事，让受众在观影过程中自然而然地接受反诈知识的普及，增强财产安全意识和自我保护能力。

图4-5　宣传反诈的微电影

4.1.2　影视广告的制作要点

为确保影视广告的效果达到预期，在制作影视广告时要注意以下要点。

● 信息传达明确。合理安排影视广告的结构和节奏，确保广告中的信息传达清晰、准确，使受众能够轻松理解和接受信息。

● 开头具有吸引力。影视广告的开头要能够引起受众的兴趣，因此可以使用引人入胜的文案，如提问、设置悬念等，还可以加入创意动画，增强其视觉冲击力。

● 创意新颖。勇于打破传统思维模式，尝试从不同的角度审视品牌、服务和产品等，以新颖的方式呈现广告内容，创造出别具一格的影视广告。

● 剧情、画面连贯。影视广告若有剧情，则整体逻辑要清晰、条理分明，画面切换也要自然、流畅，避免突兀或混乱的剪辑效果。

● 深化情感共鸣。当影视广告需要激发受众情感时，要结合字幕展现多层次、多维度的情感变化，在允许的范围内尽量加强视觉与听觉表现的刺激程度，使受众能够深刻体会到广告所要传达的情感。

4.1.3　影视广告的表现形式

在影视广告中，不同的表现形式不仅会影响视觉效果，还关系到广告信息的传达程度和受众的情感共鸣。

● 比较。比较是通过两种以上对立的事物进行对比的方式，以更加直观地宣传广告内容。图4-6所示为宣传绿色出行的公益广告，通过汽车排放尾气和骑自行车无尾气排放的鲜明对比，激发受众对环境保护的责任感和紧迫感。

图4-6　比较表现形式

- **叙事**。叙事是以说明介绍的手段来表现广告的内容，通过讲述一个完整的故事或情节，将广告内容融入其中，使受众在欣赏故事的同时，对广告内容产生兴趣。图4-7所示为某咖啡的影视广告，展现了咖啡已深度融入年轻人的日常生活，让受众在情感和认知上更接受该品牌的咖啡。

图4-7　叙事表现形式

- **衬托**。衬托是通过对某种事物的描述，烘托、突出广告内容的手段，使受众在情感上产生共鸣并接受广告信息。
- **比喻**。比喻是通过喻体说明本体，表现广告内容的手法，让受众记忆更加深刻。图4-8所示的微电影《灯塔》中，将知识比喻为灯塔，引领孩子们不断向前，努力实现自己的梦想。

图4-8　比喻表现形式

4.2　实战案例：制作公益广告片

🔲 案例背景

　　树木不仅能够吸收大量的二氧化碳、释放氧气、维护生态平衡，还能有效防止水土流失、保护生物多样性。然而，随着砍伐的加剧，土地荒漠化问题日益严重，气候变暖加剧，生物栖息地不断减少。在植树节来临之际，某公益组织准备发布一则以"植树造林"为主题的公益广告片，呼吁大众踊跃参与植树活动，具体要求如下。

　　（1）通过真实的画面激发受众对自然环境的保护之心。

　　（2）画面色彩明亮，搭配字幕引导受众思考。

　　（3）分辨率为1920像素×1080像素，时长在35秒左右，导出为MP4格式的视频文件。

设计思路

（1）画面顺序。根据配音内容决定视频素材的剪辑顺序，选择与配音内容相契合的视频素材，如开头"在这片天空下，工业的呼吸是否太过沉重？"的配音内容可以搭配工厂排放浓烟的视频。

（2）画面色彩。对于展示森林和植被的视频素材，可以适当提升绿色在画面中的占比，提高饱和度和亮度，使画面更鲜明，更具吸引力。

本例的参考效果如图4-9所示。

效果预览

公益广告片

图4-9　公益广告片的参考效果

操作要点

（1）根据配音素材的内容剪辑视频素材。

（2）利用"色相/饱和度""色阶""亮度和对比度""曲线"效果优化画面色彩。

（3）添加字幕并利用图层样式优化显示效果，再调整其入点和出点。

操作要点详解

4.2.1　剪辑视频素材

微课视频

剪辑视频素材

根据配音内容的关键词选择相应的素材，如"萌芽""生命""参天大树""小鸟"等关键词，然后通过拆分图层剪辑多个视频素材，接着按照配音内容时长调整视频素材的入点和出点。具体操作如下。

（1）新建项目，再新建一个名称为"公益广告片"、分辨率为1920像素×1080像素、帧速率为24帧/秒、持续时间为0:00:35:00的合成。

（2）拖曳"配音.mp3""工厂烟囱.mp4"素材至"时间轴"面板，依次展开音频图层下的"音频""波形"栏，将时间指示器移至0:00:04:06处，选择视频素材后按【Ctrl+Shift+D】组合键拆分图层，然后删除上层图层，如图4-10所示。

图4-10　拆分并删除图层

（3）根据配音内容依次拖曳其他视频素材至"时间轴"面板，然后分别调整入点和出点，效果如图4-11所示。

图4-11　添加并调整其他视频素材

（4）由于"考拉.mp4"素材的尺寸与合成大小不符，因此需选择图层后按【Ctrl+Alt+F】组合键使其与合成等大。按空格键预览视频画面，效果如图4-12所示。

图4-12　画面效果

4.2.2　调整画面色彩

微课视频

调整画面色彩

预览画面时发现"小草""小鸟""风光"素材的画面不够美观，因此可使用不同的调色效果进行优化。具体操作如下。

（1）将时间指示器移至"小草.mp4"素材的入点处，查看该素材的画面效果，发现色彩黯淡、对比度不够，在"效果和预设"面板中展开"颜色校正"栏，拖曳"色相/饱和度"效果至"合成"面板的画面上，如图4-13所示。

（2）选择【窗口】/【效果控件】命令，打开"效果控件"面板，设置主饱和度为"40"，如图4-14所示。

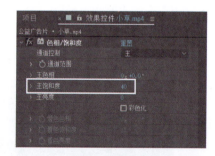

图4-13　应用"色相/饱和度"效果　　　　图4-14　调整"色相/饱和度"效果

（3）在"效果和预设"面板中拖曳"色阶"效果至"小草.mp4"素材上，在"效果控件"面板中设置图4-15所示的参数，"小草.mp4"素材调色后的效果如图4-16所示。

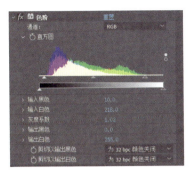

图4-15 调整"色阶"效果　　　　　　图4-16 "小草.mp4"素材调色后的效果

（4）将时间指示器移至"小鸟.mp4"素材的入点处，查看该素材的画面效果，发现画面较暗，对比度不强，且色彩也不够鲜艳。先应用"亮度和对比度"效果，在"效果控件"面板中设置图4-17所示的参数。

（5）为"小鸟.mp4"素材应用"色相/饱和度"效果，并设置主饱和度为"30"，"小鸟.mp4"素材调色前后的对比效果如图4-18所示。

图4-17 设置参数　　　　　　图4-18 "小鸟.mp4"素材调色前后的对比效果

（6）将时间指示器移至"风光.mp4"素材的入点处，查看该素材的画面效果，发现画面中高光区域和阴影区域的对比不明显，缺乏层次感。为该素材应用"曲线"效果，在"效果控件"面板中将鼠标指针移至曲线右上角，然后按住鼠标左键不放并向上拖曳鼠标，此时鼠标指针位置将自动添加第1个控制点，如图4-19所示，提高高光区域的亮度。

（7）将鼠标指针移至曲线右下角，然后按住鼠标左键不放并向下拖曳鼠标以添加第2个控制点，降低阴影区域的亮度，如图4-20所示，"风光.mp4"素材调色前后的对比效果如图4-21所示。

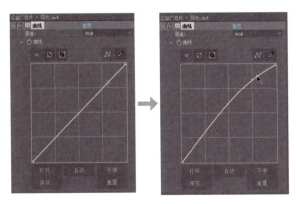

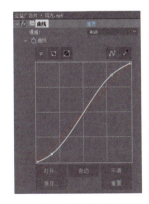

图4-19 添加并调整第1个控制点　　　　　　图4-20 添加并调整第2个控制点

图4-21 "风光.mp4"素材调色前后的对比效果

（8）将所有视频素材所在图层预合成为"视频"预合成，再将该预合成移至"配音.mp3"图层下方。

4.2.3 添加字幕

在画面下方添加与配音内容对应的字幕，并利用图层样式加强其显示效果，让受众能够结合画面内容和字幕清楚该公益广告片的主题。具体操作如下。

微课视频

添加字幕

（1）将鼠标指针移至起始处，选择"横排文字工具" T，在画面下方输入"在这片天空下"文本，在"字符"面板中设置图4-22所示的参数，再单击"对齐"面板中的"水平对齐"按钮。

（2）由于纯色的文本在画面中识别度不强，因此需要进行优化。选择文本图层，选择【图层】/【图层样式】/【投影】命令，保持默认设置，字幕效果如图4-23所示。

图4-22 设置文本样式　　　　　　图4-23 字幕效果

（3）按照配音内容调整文本图层的出点至0:00:01:10处，按【Ctrl+D】组合键复制图层，修改文本内容为"工业的呼吸是否太过沉重?"，再调整复制得到的图层的入点和出点，使其与配音内容对应，如图4-24所示。

图4-24 调整复制得到的图层的入点和出点

（4）复制多次文本图层，依次修改为"字幕.txt"素材中的文本内容，然后根据配音中的内容调整入点和出点，效果如图4-25所示。

图4-25　复制、修改文本图层并调整入点和出点

（5）预览视频最终效果，如图4-26所示。按【Ctrl+S】组合键保存项目，并命名为"公益广告片"，再导出MP4格式的视频文件。

图4-26　视频最终效果

4.3　实战案例：制作家居品牌形象片

案例背景

悦居逸家居品牌致力于为每一个家庭打造一个温馨的居住空间，近期该品牌准备制作一则形象片，以提升品牌的市场认知度，具体要求如下。

（1）展现品牌的核心理念——匠心筑梦，让受众对品牌有更深入的了解。

（2）通过家居相关画面让受众直观地感受到旗下产品的质感、设计美感等。

（3）分辨率为1920像素×1080像素，时长在35秒左右，导出为MP4格式的视频文件。

设计思路

（1）画面设计。先展示工厂和设备，塑造品牌的可靠性和专业形象，然后依次展示厨房和书房场景中的家居用品，让受众了解产品的实用性，接着引入智能家居的应用场景，彰显品牌的技术实力。在各个素材之间利用过渡效果使画面之间的切换更加流畅自然，提升整体的观赏效果。

效果预览

家居品牌形象片

（2）字幕设计。添加与画面内容相契合的字幕，并在最后使用黑屏+字幕的形式强调品牌理念。另外，为视频最后的字幕制作渐显动画，加深受众印象。

本例参考效果如图4-27所示。

图4-27　家居品牌形象片的参考效果

操作要点

（1）添加视频素材并调整入点，利用过渡效果制作转场。

（2）使用段落文本制作字幕，并利用文本动画预设和不透明度属性制作动画。

操作要点详解

4.3.1　添加视频素材并制作转场

先新建黑色纯色背景作为片尾背景，然后依次添加家居品牌的视频素材并调整入点，再利用过渡效果制作转场。具体操作如下。

（1）新建项目，再新建一个名称为"家居品牌形象片"、分辨率为1920像素×1080像素、帧速率为24帧/秒、持续时间为0：00：35：00的合成。

微课视频

（2）在"时间轴"面板左侧空白区域单击鼠标右键，在弹出的快捷菜单中选择【新建】/【纯色】命令，打开"纯色设置"对话框，设置名称为"黑色背景"，大小与合成大小相同，颜色为"#000000"，单击 确定 按钮，再调整入点至0：00：30：00处。

添加视频素材并
制作转场

（3）拖曳所有视频素材至"时间轴"面板，调整除"工厂.mp4"图层外的其他图层的入点，使每个入点间隔5秒，如图4-28所示。

图4-28　添加视频素材并调整入点

（4）将时间指示器移至0：00：05：00处，在"效果和预设"面板中展开"过渡"栏，为"工厂.mp4"素材应用"线性擦除"效果。在"效果控件"面板中设置擦除角度为"0x+0.0°"，开启过渡完成属性的关键帧，再在0：00：06：00处设置过渡完成为"100%"，在"时间轴"面板中按【U】键查看关键帧，如图4-29所示，"线性擦除"转场效果如图4-30所示。

图4-29　添加过渡完成属性的关键帧

图4-30　"线性擦除"转场效果

（5）选择"工厂.mp4"图层，在"效果控件"面板中选择"线性擦除"效果，按【Ctrl+C】组合键复制，然后依次将鼠标指针移至下方3个图层的入点处，选择图层后按【Ctrl+V】组合键粘贴，关键帧将同样被粘贴。

（6）在"效果控件"面板中依次将"工厂.mp4"图层下方3个图层的擦除角度修改为"0x+90.0°""0x+180.0°""0x+90.0°"，这些图层画面的"线性擦除"转场效果如图4-31所示。

图4-31　其他画面的"线性擦除"转场效果

（7）为"书房.mp4"图层应用"光圈擦除"效果，在"效果控件"面板中设置点光圈为"32"，然后在0:00:25:00处为外径属性开启关键帧，再将时间指示器移至0:00:26:00处，向右拖曳外径属性右侧的数值，直至画面转场结束，此处可设置为"1200.0"，"光圈擦除"转场效果如图4-32所示。

图4-32　"光圈擦除"转场效果

（8）为"智能家居.mp4"图层应用"百叶窗"效果，在0:00:30:00和0:00:31:00处分别添加过渡完成属性为"0%""100%"的关键帧，"百叶窗"转场效果如图4-33所示。

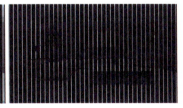

图4-33　"百叶窗"转场效果

4.3.2 添加字幕并制作动画

在视频画面底部输入段落文本作为字幕，确保受众能够清晰地查看信息，且字幕不遮挡画面主要内容；在片尾画面中央输入字幕作为画面主体，再结合动画预设和不透明度属性为片尾字幕制作渐显动画，提升视觉观感。具体操作如下。

（1）将时间指示器移至起始处，选择"横排文字工具" T，在画面底部绘制一个较宽的文本框，输入"字幕.txt"素材中的第一行文本，在"字符"面板中设置图4-34所示的文本样式。

（2）在"对齐"面板中单击"水平对齐"按钮 ，然后应用"投影"图层样式，保持默认设置，字幕效果如图4-35所示。

图4-34　设置文本样式　　　　　　　图4-35　字幕效果

（3）在"效果和预设"面板中依次展开"动画预设""Text""Animate In"栏，拖曳"闪烁的光标打字机控制台"动画预设至文本图层，在"时间轴"面板中按【U】键查看关键帧。

（4）调整文本图层的出点至0:00:02:12处，按【Ctrl+D】组合键复制该图层，修改文本内容为"字幕.txt"素材中的第二行文本，并使文本在画面底部居中，调整入点至0:00:02:12处，第一个视频素材的字幕效果如图4-36所示。

图4-36　第一个视频素材的字幕效果

（5）使用与步骤（4）相同的方法复制多个文本图层，依次修改文本为"字幕.txt"素材中除最后一段外的所有内容，并使文本在画面底部居中，再调整入点和出点位置，与画面内容相对应。

（6）将时间指示器移至0:00:30:00处，使用"横排文字工具" T 在画面中央绘制文本框，输入"字幕.txt"素材中的最后一段文本，修改字体为"方正黑体简体"，字体大小为"80像素"，行距为"110像素"，在"段落"面板中单击"居中对齐文本"按钮 ，再在"对齐"面板中单击"水平对齐"按钮 和"垂直对齐"按钮 。

（7）设置段落文本图层的入点为0:00:30:00，将时间指示器移至0:00:31:00处，拖曳"Animate In"栏中的"淡化上升线"动画预设至该文本图层，预览画面效果，如图4-37所示。按【Ctrl+S】组合键保存项目，并命名为"家居品牌形象片"，再导出为MP4格式的视频文件。

图4-37　画面效果

设计大讲堂

"匠心筑梦"这个理念不局限于家居产品的设计与制造，也适用于影视作品的制作过程。匠心代表着耐心与专注，制作人员应运用专业的知识和技能耐心打磨影视作品的每一个细节，将各种创意和想法转化为生动的画面，从而创造出更具吸引力的影视作品。

4.4　拓展训练

实训1　制作助农微电影

实训要求

（1）将李家村的故事制作成助农微电影，记录村民们从困惑到接受、从生疏到熟练运用现代农业技术的历程，揭示勤劳、坚韧、创新与进取的精神在乡村振兴中的重要作用。

（2）分辨率为1920像素×1080像素，时长在45秒左右，导出为MP4格式的视频文件。

操作思路

（1）按照村民们劳作、引入机器、收割粮食、收获粮食的顺序，依次拖曳所有视频素材至"时间轴"面板，调整各图层的入点和出点。

（2）利用"色阶"效果提高"耕牛.mp4"素材画面的明暗对比，利用"色相/饱和度"效果增强"航拍机器.mp4"素材画面的色彩饱和度，利用"亮度和对比度"效果提高"拖拉机耕地.mp4"素材画面的亮度和对比度。

（3）综合利用"线性擦除""径向擦除""光圈擦除"效果为各个素材之间的切换制作转场。

（4）将视频素材预合成，添加配音素材，根据配音内容添加相应的字幕。

具体制作过程如图4-38所示。

效果预览

助农微电影

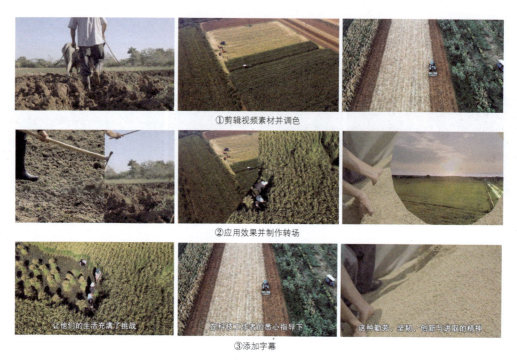

①剪辑视频素材并调色

②应用效果并制作转场

③添加字幕

图4-38　助农微电影制作过程

实训2　制作企业专题片

实训要求

（1）为拾之趣文化有限公司制作专题片，用于在招聘会播放和提升公司形象。

（2）介绍公司的名称、主营内容及优势，彰显出公司实力。

（3）分辨率为1920像素×1080像素，时长在20秒左右，导出为MP4格式的视频文件。

操作思路

（1）在封面素材处绘制一个半透明的矩形，利用"线性擦除"效果使其逐渐显示，制作出片头效果。

（2）在矩形的上方区域输入企业名称文本，利用不透明度属性的关键帧使其逐渐显示；在下方输入企业信息文本，利用动画预设使文本逐字显示。

（3）添加多个企业介绍素材，并利用"百叶窗"效果制作转场。

（4）在企业介绍素材画面的下方绘制矩形作为文本背景，然后在其中输入字幕，再分别利用"块溶解""线性擦除"效果制作渐显动画。

（5）在片尾处复制片头的矩形，适当调整大小并改变显示方向，再复制企业名称文本并修改文本内容。

具体制作过程如图4-39所示。

效果预览

企业专题片

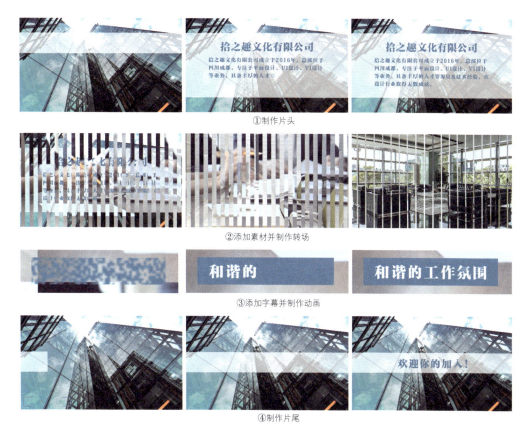

①制作片头

②添加素材并制作转场

③添加字幕并制作动画

④制作片尾

图4-39　企业专题片制作过程

4.5 AI辅助设计

通义　生成影视广告文案

通义是阿里巴巴达摩院自主研发的超大规模语言模型，是一个集合生成文本、参与对话、撰写代码和表达观点等多种功能的语言处理工具。在影视领域，通义可以为制作人员提供创意灵感和剪辑风格建议、行业趋势分析、视频内容规划等。例如，使用通义为"低碳生活"公益广告撰写广告文案。

提问

提问方式：交代背景＋告知需求＋补充说明。

示例：某宣传部门准备制作一则以"低碳生活"为主题的公益广告，旨在通过情感共鸣与理性引导相结合的方式，激发社会各界践行低碳生活，因此需要请你为该公益广告撰写相关文案，从情感共鸣、知识普及、行动呼吁和正面激励四个方面来写。

> 某宣传部门准备制作一则以"低碳生活"为主题的公益广告，旨在通过情感共鸣与理性引导相结合的方式，激发社会各界践行低碳生活，因此需要请你为该公益广告撰写相关文案，从情感共鸣、知识普及、行动呼吁和正面激励四个方面来写。

 公益广告文案："绿动心，共筑美好明天"

【情感共鸣】
在每个清晨，当第一缕阳光温柔地唤醒大地，我们是否曾停下来，感受过那份宁静的美好？这份安宁，是大自然赋予我们的珍贵礼物。然而，随着工业的快速发展，这份宁静正逐渐被喧嚣所取代。您是否注意到，那些曾经清澈的小溪如今已不再透明，那些曾经繁茂的森林正在悄然减少？这不仅是大自然的变化，更是我们心中那份纯真的褪色。让我们一起，守护这片共同的家园，让绿色成为生活的底色，让地球母亲再次绽放笑容。

【知识普及】
你知道吗？每一次选择步行或骑行代替开车，都是对地球的一次小小救援；每一滴节约的水，都在无声中滋养着生命之树。低碳生活，并非遥不可及的理想，而是始于日常中的点滴改变。比如，使用节能灯泡替代传统灯泡，可以节省高达80%的能源；又如，在家种植绿色植物，不仅美化环境，还能吸收二氧化碳，释放氧气。小小的改变，汇聚成海洋般的力量，保护环境，从我做起，从现在开始。

【行动呼吁】
今天，就让我们一起行动起来吧！从我做起，从小事做起，选择公共交通工具出行，减少一次性用品的使用，参与社区的环保活动，种植更多的绿色植被……每一个看似微小的选择，都能汇聚成改变世界的力量。加入我们，用实际行动证明，每个人都可以成为改变的一部分。让我们携手同行，共创一个更加绿色、健康的未来！

【正面激励】
当我们将爱传递给自然，自然也会回馈给我们更多。想象一下，当我们共同努力后，城市将变得更加宜居，空气更加清新，河流更加清澈。这样的变化，不仅是为了我们自己，更是为了后代子孙，为了他们能够在一个更加美好的环境中成长。您的每一次参与，都是对未来的一份承诺。让我们用行动书写希望，用绿色绘出明天的画卷。因为，每一步低碳的选择，都是向着更美好未来迈进的一大步。

—— 让我们一起，为地球加油，为生活添彩。

魔音工坊 生成影视广告配音

魔音工坊是由北京小问智能科技有限公司开发的一款配音软件，不仅提供了一站式的AI配音服务，还集成了多种高效的创作工具，致力于实现高效、便捷的内容创作。在影视后期领域，魔音工坊可以帮助制作人员快速、高效地完成配音，提升影视作品的质量和观赏性。例如，使用魔音工坊为"低碳生活"公益广告生成配音。

文本转语音

使用方式：输入文本内容 → 选择配音师及风格 → 调整配音效果 → 下载文件。
调整配音功能：选择配音师、多音字、停顿、重读、局部变速、多人配音等。

一帧秒创 生成影视广告视频

一帧秒创是基于新壹视频大模型以及一帧AIGC智能引擎的内容生成平台，通过智能分析文案、图像、AI语音、字幕等元素，可实现快速成片。在影视后期领域，制作人员可以利用图文转视频功能生成需要的视频素材，有效提高工作效率。例如，使用一帧秒创根据"低碳生活"公益广告的文案生成视频。

文生视频

使用方式：输入文案 → 设置参数 → 编辑文案 → 选择分类 → 调整视频 → 生成视频。

关键参数：标题、文案、匹配范围、比例、分类等。

标题：低碳生活公益广告。

文案：在每个清晨，当第一缕阳光温柔地唤醒大地，我们是否曾停下来，感受过那份宁静的美好？

匹配范围：在线素材。　　　　比例：横版（16：9）。　　　　分类：全部。

示例效果如下。

当第一缕阳光柔地唤醒大地

感受过那份宁静的美好

效果预览

生成影视广告视频

拓展训练

请参考上面提供的通义、魔音工坊和一帧秒创的使用方法，为宣传母爱的微电影生成文案，再根据文案生成配音和视频，提高对通义、魔音工坊和一帧秒创的应用能力。

4.6 课后练习

1. 填空题

（1）_____是以真实生活为创作素材，以真人真事为表现对象，并对其进行艺术性加工处理的影视广告形式。

（2）_____是近年来兴起的一种影视广告形式，通常具有完整的故事情节和人物塑造，时长较短。

（3）After Effects提供的文本动画预设在_____面板中的"Text"栏中。

（4）使用通义生成影视广告文案时，制作人员可采用_____＋_____＋_____的方式提问。

2. 选择题

（1）【单选】调整"曲线"效果中的曲线时，右上角代表（　　　）。

A. 高光区域　　　　B. 阴影区域　　　　C. 中间调区域　　　　D. 全区域

（2）【单选】为文本图层应用动画预设时，动画的第一个关键帧将在（　　　）。

A. 文本图层的入点处　　　　　　　　B. 0:00:00:00处

C. 文本图层的出点处　　　　　　　　D. 时间指示器所在位置

（3）【单选】若要使用"光圈擦除"效果制作转场，则需要为（　　　）属性添加关键帧。

A. 过渡完成　　　　B. 点光圈　　　　C. 外径　　　　D. 光圈中心

（4）【多选】After Effects中的过渡效果有（　　　）。

A. 线性擦除　　　　B. 百叶窗　　　　C. 翻页　　　　D. 块溶解

3. 操作题

（1）以"保护环境"为主题制作一则公益广告片，要求使用温馨的画面和充满情感的文案，激发大众内心深处对保护环境的责任感与采取实际行动的意愿，参考效果如图4-40所示。

效果预览

"保护环境"
公益广告片

图4-40　"保护环境"公益广告片的参考效果

（2）使用通义为新能源企业专题片提供制作思路和宣传文案，再使用一帧秒创根据生成的文本内容为该专题片生成一些视频素材，参考效果如图4-41所示。

某新能源企业专注于研发新能源产品，为该新能源企业专题片提供制作思路和宣传文案，用于在行业展会中播放，吸引潜在客户和合作伙伴。

为该新能源企业的专题片提供制作思路和宣传文案，可以围绕以下几个方面展开：

开场 - 激发共鸣
- **画面**：从地球的美丽景象开始，如日出、森林、海洋等自然风光，逐渐过渡到城市中的能源消耗场景，比如交通拥堵、工厂排放等。
- **文案**："在追求发展的道路上，我们从未停止探索更美好的未来。面对日益严峻的环境挑战，是时候采取行动了。"

核心技术展示 - 科技与创新的力量
- **画面**：展示企业研发中心的工作场景，技术人员正在研究新材料、新工艺的照片或视频片段。
- **文案**："我们相信，科技是解决环境问题的关键。通过不懈的努力，我们的团队已经开发出了多项领先的技术解决方案。"

成功案例分享 - 实践证明价值
- **画面**：介绍几个使用了公司产品的成功案例，包括但不限于城市公交系统、家用太阳能发电站等。
- **文案**："从大型公共交通系统的改造到家庭能源管理系统的升级，我们的产品已经在多个领域取得了显著成效。"

合作愿景 - 共建绿色未来
- **画面**：展现实验室内的科研人员正在操作先进设备进行实验的画面和企业与国际合作伙伴共同工作的场景。
- **文案**："展望未来，我们不仅着眼于技术创新，更注重与每一位伙伴的合作共赢。让我们携手，共创一个更加清洁、更加美好的世界。"

结尾 - 呼吁行动
- **画面**：回到美丽的自然景观，加入一些人们享受清洁能源带来便利生活的场景。
- **文案**："让我们一起迈出这一步，选择可持续的生活方式。加入我们，共创美好未来。"

技术细节补充

如果可能的话，可以在影片中适当位置加入QR码或者网址链接，方便观众获取更多关于产品的详细信息和技术参数。

这样的专题片不仅能够有效传达企业的核心价值观和社会责任感，同时也能够吸引潜在客户的注意，建立起积极正面的品牌形象。

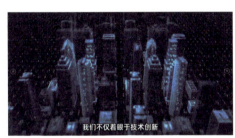

效果预览

新能源企业专题片

图4-41　参考效果

短视频制作

随着各大短视频平台的兴起，短视频作为一种新兴的媒体形态，因制作流程简单、制作门槛低、参与性强等特点，逐渐成为人们互动交流、获取信息或服务、文化娱乐、宣传与营销的重要载体，也成为影视后期领域的重要制作类型。

学习目标

▶ **知识目标**

◎ 认识短视频的主要类型。
◎ 掌握短视频的制作技巧。
◎ 掌握常见的短视频平台及要求。

▶ **技能目标**

◎ 能够使用 After Effects 制作不同类型的短视频。
◎ 能够借助 AI 工具生成文案、视频和数字人播报。

▶ **素养目标**

◎ 将文化保护与传承视为己任，通过影视作品向受众传递正确的文化观、价值观。
◎ 培养网络道德观念，确保短视频内容健康向上，不传播虚假信息和不良内容。

学习引导

STEP 1 相关知识学习　　　　　　　　　建议学时：___1___ 学时

课前预习	1. 扫码了解短视频的发展历程，建立对短视频的基本认识。 2. 在网络搜索并欣赏短视频案例，提升对短视频的审美。
课堂讲解	1. 短视频的主要类型。 2. 短视频的制作技巧。 3. 常见的短视频平台及要求。
重点难点	1. 学习重点：不同类型短视频的特点。 2. 学习难点：短视频的剪辑思路。

课前预习

STEP 2 案例实践操作　　　　　　　　　建议学时：___2___ 学时

实战案例	1. 制作贵阳美食Vlog。 2. 制作川剧科普短视频。	操作要点	1. 混合模式、图表编辑器、父子级图层。 2. "Lumetri颜色"效果、文本动画属性。

案例欣赏

STEP 3 技能巩固与提升　　　　　　　　建议学时：___2___ 学时

拓展训练	1. 制作《人工智能》情景短视频。 2. 制作美食教程短视频。
AI 辅助设计	1. 使用剪映生成文案和视频。 2. 使用腾讯智影生成数字人播报。
课后练习	通过填空题、选择题和操作题巩固理论知识，提升实操能力。

5.1 行业知识：短视频制作基础

短视频具有碎片化、娱乐化、个性化的特点，已融入人们的日常生活，是人们记录生活和表达自我的一种新的媒体形式。多元化的短视频内容不仅满足了不同人群的喜好，还满足了人们对即时、直观、娱乐化信息的需求。

5.1.1 短视频的主要类型

随着短视频越来越受欢迎，其类型也逐渐丰富起来，为人们带来了更加丰富多元的视觉体验，极大地充实了人们的日常生活。

- Vlog。Vlog是Video Blog或Video Log的缩写，意为视频记录或视频博客，是一种以视频形式记录和分享个人生活、经历、见闻的内容形式，可生动、直观地展示博主的所见所闻。在制作时，需要注意控制剪辑节奏，适当添加一些贴纸、特效元素，可以增强视觉效果和表现力，还能突出个人风格。图5-1所示为某博主发布的春游Vlog，展示了博主春游所见的风光，不仅通过字幕对画面内容进行了简要说明，还采用了具有趣味性的视频边框，增强了视觉吸引力。

图5-1 春游Vlog

- 科普短视频。科普短视频以传播科学知识、解释科学现象为主要目的，内容涵盖天文、地理、生物、物理、化学等多个领域。科普短视频旨在提高受众的科学素养和认知水平，因此在制作时，需要确保内容的可靠性和准确性，避免使受众产生错误认知。另外，还应该使用简洁明了的语言来解释复杂概念，使科学知识更易于被受众理解和接受。图5-2所示为风能科普短视频，通过风车的工作画面为受众科普风能的基础知识，增强受众对环境保护和可持续能源利用的认识。

图5-2 风能科普短视频

● **趣味短视频**。趣味短视频以幽默、搞笑、轻松、有趣的内容为主，娱乐性较强，通常会使用独特的创意和表现形式吸引受众注意，使其产生愉悦的心情。在制作时，需要抓住受众的兴趣点，确保内容的趣味性和吸引力，并营造轻松愉快的氛围。图5-3所示为某宠物博主以猫咪为主体拍摄的趣味短视频，使用逗猫棒与猫咪进行互动，引发宠物爱好者的共鸣。

图5-3　趣味短视频

● **技能/教程短视频**。技能/教程短视频以传授某种技能或展示某个教程为主要目的，如烹饪、化妆、编程等。技能/教程短视频的内容具有明确的实用价值和指导意义，通常按照一定的步骤或流程进行演示和讲解，还会鼓励受众尝试并分享自己的实践经验和成果。在制作时，需要确保讲解的准确性和规范性，注重细节和关键点的展示，确保受众能够理解和掌握。图5-4所示为制作红烧牛肉的教程短视频，通过清晰的步骤演示和详尽的解说，让初学者能轻松掌握红烧牛肉的制作方法，还能与其他美食爱好者进行交流与互动，促进美食文化的多样化和个性化发展。

图5-4　教程短视频

● **情景短视频**。情景短视频是一种通过设定特定场景和情节，以短剧形式展现内容的短视频类型，通常围绕生活中的小细节、热门话题或人们普遍关心的社会问题设计剧情。短视频的时长有限，因此情节需要紧凑，以迅速吸引受众注意力，还要准确传达想要表达的故事，可通过添加字幕帮助受众更好地理解短视频内容。图5-5所示的情景短视频通过展现家庭矛盾和困境，强调了在创业的道路上承担家庭责任的重要性。

图5-5　情景短视频

5.1.2 短视频的制作技巧

掌握并运用一些短视频的制作技巧，可以把想法和创意更加精准、生动地呈现在受众面前，也可以提升短视频的质量，还能提升受众的观看体验，让短视频在众多作品中脱颖而出。

1. 使用不同的剪辑思路

制作人员可以使用不同的剪辑思路来调整短视频画面的内容，使短视频达到预期效果。

- **标准剪辑**。标准剪辑是指按照时间顺序拼接组合视频素材的剪辑思路。对于没有剧情，只是简单地按照时间顺序拍摄的短视频，大多采用标准剪辑思路进行剪辑。
- **匹配剪辑**。匹配剪辑是指利用镜头中的画面色彩、景别、角度、动作、运动方向等要素进行场景转换的剪辑思路。匹配剪辑常用于连接两个短视频画面中动作一致的场景，形成视觉上的连续感。
- **交叉剪辑**。交叉剪辑是指在两个不同的场景间来回切换短视频画面的剪辑思路。通过频繁地切换画面来建立角色之间的交互关系，能够提升内容的节奏感，制造紧张氛围并引起悬念，从而引导受众的情绪，使其更加关注视频内容。
- **蒙太奇剪辑**。使用不同的蒙太奇剪辑手法，可以将不同的镜头、场景或片段有机地拼接在一起，便于控制视频的节奏，使得多个片段在时间和空间上产生联系，从而创造出新的意义、情感和故事，增强受众对视频的认知和理解。

2. 增强视觉吸引力

制作人员可以通过调色、应用滤镜、添加动态装饰元素来增强短视频的视觉吸引力。

- **调色**。根据短视频的主题和氛围，调整色彩饱和度、亮度、对比度等参数，使短视频的画面更加生动或符合特定的视觉风格。
- **应用滤镜**。为短视频应用合适的滤镜效果，如应用黑白滤镜可以营造神秘感，应用电影胶片滤镜可以打造电影般的质感和氛围，加强受众的沉浸感。
- **添加动态装饰元素**。根据短视频的主题和风格，可以添加合适的动态装饰元素，以增添短视频的趣味性和动感。另外，也可以制作动态文本，这类文本相较于静态文本，除了可以传达信息、增强短视频内容的可读性外，还能起到引导受众视线、加深受众印象的作用。

5.1.3 常见的短视频平台及要求

随着互联网技术的飞速发展和智能设备的普及，拥有不同特色的短视频平台不断涌现，推动了短视频内容创作朝多元化发展，也满足了不同用户的个性化需求。

1. 抖音

抖音是由北京抖音信息服务有限公司开发的一款音乐创意短视频社交软件，用户可以在该平台创作几秒到几分钟的短视频，其强大的算法能根据用户的兴趣推荐视频，内容形式丰富多样，成功吸引了大量年轻用户。

在抖音平台发布短视频时，建议时长不超过60秒，格式通常为MP4、AVI，分辨率不低于720像素×1280像素。

2. 快手

快手最初是一款用来制作、分享GIF图片的手机应用软件，后续从纯粹的应用软件转型为短视频社区，成为用户记录和分享生产、生活的平台。快手用户群体广泛，平台内容多元化，且用户黏性较高。

在快手平台发布短视频时，建议时长在15秒到3分钟之间，格式通常为MP4、MOV，分辨率不低于720像素×1280像素。

3. 微信视频号

微信是腾讯公司推出的一个为智能终端提供即时通信服务的应用程序；而微信视频号是微信所推出的内容记录与创作平台，依附于微信这个庞大的社交网络平台，具有极强的社交属性，可以方便地将视频分享给微信好友，增加视频的曝光度。

在微信视频号平台发布短视频时，建议时长在60秒以内，格式通常为MP4、AVI、MOV等，分辨率不低于720像素×1280像素。

4. 哔哩哔哩

哔哩哔哩起初以ACG（动画、漫画、游戏）文化闻名，现已成为一个综合性的视频平台，用户群体以年轻人为主，弹幕评论系统是其特色之一，并形成了独特的社区氛围。

在哔哩哔哩平台发布短视频时，建议时长在60秒以内，格式通常为MP4、AVI、MOV等，分辨率不低于720像素×1280像素。

5. 小红书

小红书是一个生活方式分享和社区电商平台，用户可以在该平台发布短视频、图文等内容，涵盖时尚、美妆、旅行、美食等多个领域，这些内容可以为其他用户提供丰富的消费决策参考。

在小红书平台发布短视频时，建议时长在2分钟以内，格式通常为MP4、AVI等，分辨率不低于720像素×1280像素。

5.2 实战案例：制作贵阳美食Vlog

案例背景

某自媒体博主以探寻各地美食为创作核心，近期该博主准备发布一则贵阳美食Vlog，展现贵阳的特色风味。具体要求如下。

（1）制作具有吸引力的片头，能在第一时间吸引受众视线，并展现短视频主题。

（2）剪辑多个美食视频素材，并搭配对应字幕进行补充说明。

（3）分辨率为1920像素×1080像素，时长在30秒左右，导出为MP4格式的视频文件。

💡 设计思路

（1）片头设计。片头背景采用温暖的橙色，以激发受众的食欲；添加具有趣味性的装饰元素，在画面中心添加短视频标题，并制作缩放动画。

（2）画面设计。依次展示各个美食的画面，添加字幕并采用与片头标题相同的文本样式，增强短视频的统一性。

本例的参考效果如图5-6所示。

效果预览

贵阳美食 Vlog

图5-6　贵阳美食Vlog的参考效果

🖱 操作要点

（1）利用混合模式为片头添加多个装饰元素，利用图表编辑器为文本制作具有变速效果的动画，再利用父子关系使多个文本图层同时变换。

（2）添加美食视频并利用"色阶"效果优化部分画面的色彩。

（3）利用片头中的标题文本为各个美食的画面制作文本动画。

操作要点详解

5.2.1 制作Vlog片头

在Vlog片头中，可添加取景框、彩虹等装饰元素增强趣味性，由于这些素材的背景为黑色，因此可采用减淡混合模式组中的混合模式，使黑色背景被较浅的颜色替代，与橙色的背景更加和谐；结合图表编辑器功能为"贵阳美食Vlog"文本制作由快变慢的缩放动画，加强视觉效果，并强调短视频主题。具体操作如下。

微课视频

制作 Vlog 片头

（1）新建项目，然后新建一个名称为"贵阳美食Vlog"、分辨率为1920像素×1080像素、帧速率为24帧/秒、持续时间为0:00:30:00的合成和一个颜色为橙色（#FFA944）、名称为"背景"的纯色图层。

（2）添加素材到"项目"面板，并在其中新建"美食视频""装饰元素"文件夹，用于管理相关素材。

（3）拖曳"取景框.mp4"素材至"时间轴"面板，单击"模式"栏对应的下拉列表，在打开的下拉列表中选择"相加"选项，如图5-7所示，画面前后的对比效果如图5-8所示。

图5-7　设置混合模式

图5-8　画面前后的对比效果

（4）依次拖曳其他4个装饰元素到"时间轴"面板中，先设置混合模式为"变亮"或"相加"，再适当调整位置属性、缩放属性和旋转属性，参考参数如图5-9所示，画面效果如图5-10所示。

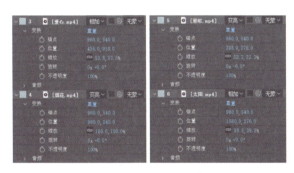

图5-9　调整装饰元素

图5-10　画面效果

（5）选择"横排文字工具" **T**，在"字符"面板中设置图5-11所示的文本样式，文本颜色为"#FF3C00"，在画面中间分别输入"贵阳美食""Vlog"文本，然后设置旋转均为"0x-8.0°"。

（6）复制两个文本图层，并分别将复制得到的图层移至原图层的下方，然后修改复制得到的文本图层的文本颜色为"#FFFFFF"，再分别按3次【→】键和【↓】键，使其向右下方移动，效果如图5-12所示。

（7）选择"贵阳美食"文本图层，按【S】键显示缩放属性，开启关键帧，在0:00:00:00、0:00:01:00和0:00:01:12处分别添加缩放属性为"0.0,0.0%""120.0,120.0%""100.0,100.0%"的关键帧，为文本制作缩放动画。

图5-11　设置文本样式　　　　　　　　图5-12　移动文本

（8）保持选择缩放属性的状态，单击"时间轴"面板中的"图表编辑器"按钮，将时间线控制区由图层模式切换到图表编辑器模式，选择"转换'顶点'工具"，在0:00:01:00处的控制点处单击以转换控制点，如图5-13所示。

（9）将鼠标指针移至左侧的控制柄上，按住鼠标左键不放并向左拖曳鼠标，使左侧曲线变为图5-14所示的形状，代表动画变化速度由快变慢。单击"图表编辑器"按钮切换回图层模式。

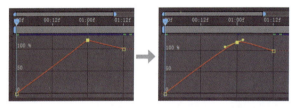

图5-13　单击以转换控制点　　　　　　图5-14　调整控制点

（10）在"时间轴"面板的"图层名称"栏中单击鼠标右键，选择【列数】/【父级和链接】命令，如图5-15所示，显示"父级和链接"栏。

（11）拖曳"贵阳美食 2"文本图层右侧的"父级关联器"至"贵阳美食"文本图层，如图5-16所示，再统一为其他文本图层也设置相同的父级关系，如图5-17所示。

图5-15　显示父级和链接　　　　图5-16　拖曳"父级关联器"　　　　图5-17　设置父级关系

（12）预览片头效果，可发现所有文本图层被统一缩放，如图5-18所示。

图5-18　片头效果

5.2.2 剪辑美食视频素材并调色

先将每段美食画面的展示时间控制在3秒左右。预览画面时发现"丝娃娃.mp4"素材的画面整体较为黯淡、亮度不够，因此可利用"色阶"效果进行优化。具体操作如下。

（1）将"时间轴"面板中的所有图层预合成为"片头"预合成，然后依次拖曳所有美食视频素材到"时间轴"面板中，并使每个素材之间的入点间隔3秒，如图5-19所示。

图5-19　添加美食视频素材并调整入点

（2）选择"丝娃娃.mp4"图层，为该图层应用"色阶"效果，在"效果控件"面板中设置输入黑色、输入白色、灰度系数分别为"10.0""160.0""1.51"，调色前后的对比效果如图5-20所示。预览视频画面，效果如图5-21所示。

图5-20　调色前后的对比效果

图5-21　画面效果

5.2.3 添加字幕

复制片头标题并修改文本内容，作为美食画面的补充说明字幕，再根据画面的时长和内容调整文本时长和位置。具体操作如下。

（1）在"片头"预合成中选择"贵阳美食"文本图层，按【Ctrl+C】组合键复制，然后在"贵阳美食Vlog"合成中按【Ctrl+V】组合键粘贴，修改文本内容为"锅巴糍粑",再修改字体大小为"150像素",恢复旋转属性至初始状态,将其移至画面右下角。

(2)复制"锅巴糍粑"文本图层,将复制得到的文本图层移至原图层下方,修改文本颜色为"#FFFFFF",再分别按两次【↓】键和【→】键。

(3)调整两个文本图层的出点至0:00:05:23处,将两个文本图层移至"锅巴糍粑.mp4"图层上方,再向右拖曳图层,使其入点与"锅巴糍粑.mp4"图层的入点对齐,如图5-22所示,字幕效果如图5-23所示。

图5-22　调整文本图层的入点和出点

图5-23　字幕效果

(4)复制多次两个"锅巴糍粑"文本图层,依次修改其内容为与美食画面对应的文本,并调整入点和出点。

(5)预览视频最终效果,如图5-24所示。最后按【Ctrl+S】组合键保存项目,并命名为"贵阳美食Vlog",再导出MP4格式的视频文件。

图5-24　视频最终效果

5.3　实战案例：制作川剧科普短视频

案例背景

　　为了弘扬和传承川剧文化,让更多人感受到川剧的魅力,某宣传部官方账号决定发布一系列以"走进川剧"为主题的科普短视频,现需制作以介绍川剧基础知识和特点的第一期短视频,具体要求如下。

（1）通过川剧的表演画面激发受众对川剧的兴趣，同时增强短视频的感染力。

（2）采用竖屏尺寸，画面简洁、视觉焦点明确。

（3）分辨率为720像素×1280像素，时长在35秒左右，导出为MP4格式的视频文件。

💡 **设计思路**

（1）画面设计。竖屏画面的视觉焦点通常位于中间区域，因此需将川剧展示画面放置在中间；画面上方可添加系列名称和编号，以便受众快速识别；画面下方可添加与川剧相关的元素，丰富画面内容。

（2）字幕设计。在短视频下方根据科普川剧的配音添加字幕进行补充说明，并为字幕设计渐显动画，增强其视觉吸引力。

本例参考效果如图5-25所示。

效果预览

川剧科普短视频

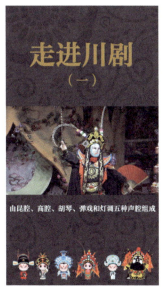
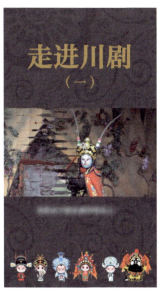

图5-25　川剧科普短视频的参考效果

🖱 **操作要点**

（1）利用"Lumetri颜色"效果优化部分画面的色彩，调整视频素材的时长并利用过渡效果制作转场。

（2）利用不透明度属性为短视频背景制作花纹效果，再添加装饰元素和标题文本。

（3）添加字幕，并利用文本动画属性制作渐显动画。

操作要点详解

5.3.1 制作川剧展示视频

由于"川剧3.mp4"素材画面存在曝光问题，可利用调色功能较丰富的"Lumetri颜色"

效果进行优化，使其与另外两个素材的色调相似，再利用过渡效果为不同的川剧表演画面制作自然的转场。具体操作如下。

（1）新建项目，然后新建一个名称为"川剧"、分辨率为1920像素×1080像素、帧速率为24帧/秒、持续时间为0:00:35:00的合成，添加素材到"项目"面板。

（2）依次拖曳音频和视频素材至"时间轴"面板，关闭视频素材自带的音频，展开音频素材的波形图，试听后，以波形图为参考调整"川剧2.mp4""川剧3.mp4"素材的入点，参考时间点如图5-26所示。

图5-26　添加素材并调整入点

（3）为"川剧3.mp4"图层应用"Lumetri颜色"效果，在"效果控件"面板中设置图5-27所示的参数，画面前后对比效果如图5-28所示。

图5-27　调整参数　　　　　　　图5-28　画面前后对比效果

（4）由于"川剧2.mp4"素材与"川剧3.mp4"素材重合时间较短，过渡时会出现问题，因此需要统一减慢所有视频素材的速度。在"时间轴"面板中单击"川剧1.mp4"图层"伸缩"栏对应的数值，打开"时间延长"对话框，设置拉伸因数为"110%"，单击 确定 按钮，如图5-29所示。

（5）使用与步骤（4）相同的方法，设置其他两个视频素材所在图层的拉伸因数为"110%"，调整后的效果如图5-30所示。

图5-29　设置拉伸因数

图5-30　调整拉伸因数后的效果

（6）将时间指示器移至"川剧2.mp4"图层的入点处，为该图层应用"卡片擦除"效果，在"效果控件"面板中设置背面图层、行数、列数分别为"无""12""12"，然后在0∶00∶10∶12和0∶00∶11∶14处分别添加过渡完成属性为"100%""0%"的关键帧，画面转场效果如图5-31所示。

图5-31　画面转场效果

（7）复制"川剧2.mp4"图层的"卡片擦除"效果至"川剧3.mp4"图层的入点处，制作同样的转场效果。

5.3.2　制作短视频背景

制作短视频背景

为短视频背景添加古典风格的花纹，在画面下方添加川剧人物的卡通形象作为装饰元素，在画面上方添加"走进川剧"标题文本，强调短视频的主题。具体操作如下。

（1）新建名称为"川剧科普短视频"、分辨率为720像素×1280像素、帧速率为24帧/秒、持续时间为0∶00∶35∶00的合成，再新建一个颜色为#000000、名称为"黑色背景"的纯色图层。

（2）拖曳"花纹.jpg"素材至"时间轴"面板中，按【Ctrl+Alt+Shift+G】组合键，使其与合成等高，再设置不透明度为"30%"，前后对比效果如图5-32所示。

（3）拖曳"川剧人物.png"素材至"时间轴"面板，在"节目"面板中适当缩小，并使其位于画面下方，效果如图5-33所示。

（4）选择"横排文字工具" T，在"字符"面板中设置图5-34所示的文本样式，在画面上方输入"走进川剧"文本，然后再在其下方输入"（一）"文本，并修改字体大小为"60像素"，标题效果如图5-35所示。

（5）拖曳"川剧"合成至"时间轴"面板中，按【Ctrl+Alt+Shift+H】组合键，使其与合成等宽，再调整其位置，在下方留出字幕位置，效果如图5-36所示。

图5-32　调整不透明度前后的对比效果　　　　　　图5-33　添加装饰元素

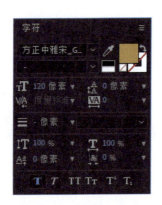

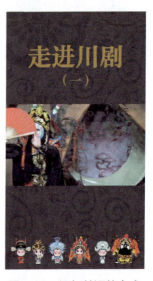

图5-34　设置文本样式　　　图5-35　标题效果　　　图5-36　添加并调整合成

5.3.3　添加配音字幕并制作动画

在视频下方添加配音字幕，利用文本动画属性使文本由模糊变清晰，增强受众的视觉体验，同时使受众能够结合画面更好地了解川剧的相关知识。具体操作如下。

微课视频

添加配音字幕
并制作动画

（1）选择"横排文字工具"，修改字体颜色为"#FFFFFF"、字体大小为"32像素"，在视频画面下方输入"字幕.txt"素材中的第一行文本，并在"段落"面板中单击"居中对齐文本"按钮，效果如图5-37所示。

（2）依次展开"川剧"合成的"音频""波形"栏，调整文本图层的出点，使其与对应音频的波形末尾对齐，如图5-38所示。

图5-37　添加字幕

图5-38　调整文本图层的出点

（3）展开下方字幕所在的文本图层，单击"文本"栏右侧的 ▶ 按钮，在弹出的下拉菜单中选择"模糊"命令，如图5-39所示，此时"文本"栏中将自动添加并展开"动画制作工具 1"栏。

（4）在"动画制作工具 1"栏中设置模糊为"52.0,52.0"，并为该属性开启关键帧，再在0:00:01:00处修改模糊为"0.0,0.0"，如图5-40所示，字幕效果如图5-41所示。

图5-39　添加动画属性

图5-40　添加关键帧

图5-41　字幕效果

（5）复制多次下方字幕所在的文本图层，并将内容依次修改为"字幕.txt"素材中的文本，再根据配音内容调整这些文本图层的入点和出点。

（6）预览最终画面效果，如图5-42所示。按【Ctrl+S】组合键保存项目，并命名为"川剧科普短视频"，再导出MP4格式的视频文件。

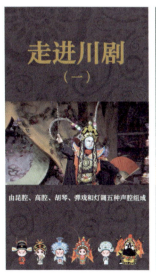
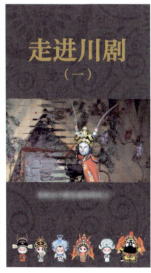
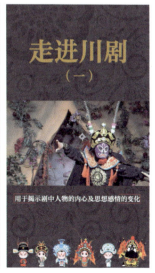

图5-42　最终画面效果

设计大讲堂

　　随着数字媒体技术的不断发展，非物质文化遗产的传播方式也在不断创新。通过制作短视频、纪录片等多种类型的视频，可以将非物质文化遗产更加生动、直观地呈现给公众，进而提高公众对非物质文化遗产的认知度和保护意识。作为文化传播的参与者，制作人员应当在作品中融入保护文化遗产的理念，以增强公众的文化自觉和自信，并鼓励更多人参与到非物质文化遗产的保护与传承中来。

5.4 拓展训练

实训 1　制作《人工智能》情景短视频

实训要求

　　（1）制作以"科技无法取代爱"为主题的情景短视频，按照"剧情介绍.txt"素材提供的剧情进行制作。

　　（2）设计片头（用于展示情景短视频名称）和片尾（用于展示情景短视频主题），并在结束处制作机器人充电时眼睛发光的特效。

　　（3）分辨率为1920像素×1080像素，时长在1分30秒左右，导出为MP4格式的视频文件。

操作思路

　　（1）利用混合模式制作具有科技风格的片头、片尾背景，再结合文本动画属性制作动画。

　　（2）根据视频中的配音内容在画面下方添加字幕，并调整入点和出点。

　　（3）将蓝色光圈调整至人眼大小，利用混合模式将其融入人眼，并根据人眼的移动轨迹为其制作移动动画，再添加充电的音效以模拟机器人充电的效果。

　　具体制作过程如图5-43所示。

效果预览

《人工智能》
情景短视频

①制作片头、片尾

图5-43 《人工智能》情景短视频制作过程

②添加字幕

③制作机器人充电时眼睛发光的特效

图5-43 《人工智能》情景短视频制作过程（续）

实训 2　　制作美食教程短视频

实训要求

（1）以"红烧小黄鱼"为题材制作一则美食教程短视频。

（2）美食制作步骤清晰、流畅，重点突出。

（3）字幕要与画面内容契合，能帮助受众更好地理解制作步骤。

（4）分辨率为720像素×1280像素，时长在40秒左右，导出为MP4格式的视频文件。

操作思路

（1）预览视频素材，梳理整个制作流程，选取重点画面，并适当调整部分片段的播放速度。

效果预览

美食教程短视频

（2）添加图像素材，利用混合模式和不透明度属性为短视频背景添加鱼形样式，在背景上方输入短视频主题文本，在中间放置教程视频，在下方添加字幕。

具体制作过程如图5-44所示。

①剪辑视频素材

图5-44　美食教程短视频制作过程

②制作短视频背景并添加字幕

图5-44 美食教程短视频制作过程（续）

5.5 AI辅助设计

剪映 生成文案和视频

剪映是一种智能化的多功能工具，能通过分析和处理用户输入的文字，自动匹配相关的图片、视频、音频、特效等素材，还能智能添加字幕、音乐等元素，从而快速生成一部完整的视频作品。在影视后期领域，剪映的文字成片功能可以帮助制作人员快速生成文案、找到相匹配的视频素材等。例如，使用剪映生成生活记录Vlog的文案和视频。

文字成片

使用方式：选择视频类型 → 补充描述 → 生成文案 → 生成视频。

参数：视频类型、补充描述。

示例参数如下。

视频类型：生活记录。

补充描述：主题——周末快乐日，事件描述——逛公园、吃美食，视频时长——不限时长。

示例效果如下。

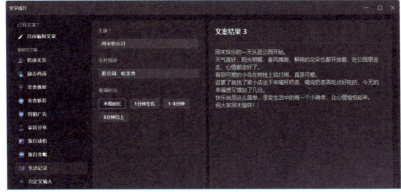

周末快乐的一天从逛公园开始

春风拂面 鲜艳的花朵也都开放着

效果预览

生活记录 Vlog

腾讯智影　生成数字人播报

腾讯智影是腾讯推出的一款智能云端视频编辑工具，支持数字人播报、视频剪辑等功能。数字人播报是一种基于人工智能的语音合成技术，利用计算机技术模拟真实人类的发声和表情，制作人员可以利用该功能生成一个数字人在视频中讲话的画面，为受众带来更加自然、真实的语音解说效果。例如，使用腾讯智影生成一段讲解大熊猫知识的数字人播报。

数字人播报

使用方式：选择背景、模板/数字人 → 输入播报内容 → 调整播报效果 → 生成并保存
　　　　　播报 → 合成视频。

主要参数：背景、数字人、播报内容、音色等。

示例参数如下。

背景：自定义熊猫图像。

数字人：又琳。

播报内容：大熊猫已在地球上生存了至少800万年，被誉为“活化石”
　　　　　和“中国国宝”，是世界生物多样性保护的旗舰物种。

音色：铃兰。

效果预览

数字人播报

示例效果如下。

拓展训练

请参考上面提供的剪映和腾讯智影的使用方法，先生成某个历史人物的科普文案和短视频素材，再制作数字人播报，提升对剪映和腾讯智影的应用能力。

5.6 课后练习

1. 填空题

（1）_____以传播科学知识、解释科学现象为主要目的，内容涵盖天文、地理、生物、物理、化学等多个领域。

（2）_____是一种通过设定特定场景和情节，以短剧形式展现内容的短视频类型。

（3）单击"时间轴"面板中的"图表编辑器"按钮，可将时间线控制区由图层模式切换到_____模式。

（4）_____是一种基于人工智能的语音合成技术，利用计算机技术模拟真实人类的发声和表情。

2. 选择题

（1）【单选】若想在关键帧图表编辑器中转换某个控制点，可使用"（　　）工具"单击该控制点。

A. 添加'顶点'　　　　B. 选取　　　　　　C. 钢笔　　　　　　D. 转换'顶点'

（2）【单选】应用（　　）混合模式组中的混合模式可以较浅的颜色替代当前图层的黑色。

A. 减淡　　　　　　　B. 加深　　　　　　C. 对比　　　　　　D. 色彩

（3）【多选】文本图层自带的动画属性有（　　）。

A. 模糊　　　　　　　B. 行距　　　　　　C. 字符间距　　　　D. 不透明度

（4）【多选】加深混合模式组中的混合模式有（　　）。

A. 变暗　　　　　　　B. 屏幕　　　　　　C. 相乘　　　　　　D. 叠加

3. 操作题

（1）制作一个介绍企鹅的科普短视频，要求借助短视频的传播优势，结合画面和字幕介绍企鹅，扩大知识的科普范围，参考效果如图5-45所示。

图5-45　企鹅科普短视频的参考效果

（2）使用剪映的文字成片功能，以新疆旅游为主题生成视频素材，参考效果如图5-46所示。

图5-46　生成视频素材的参考效果

（3）使用腾讯智影生成一段讲解李白诗句的数字人播报，参考效果如图5-47所示。

图5-47　数字人播报的参考效果

Ae

第 **6** 章

合成特效制作

在影视后期领域，合成特效极大地拓宽了影视创作的边界，能够打破现实与想象的界限，让想象成为现实，将不可能变为可能，为受众带来更加新奇的视觉体验。例如，一部科幻电影可以通过合成特效呈现超越现实的奇幻画面，激发受众的无穷想象；一个历史解说栏目可以通过合成特效还原历史场景，让受众仿佛穿越时空，亲身感受历史的厚重与沧桑。

学习目标

▶ 知识目标

◎ 熟悉合成特效的常见类型。
◎ 掌握合成特效的制作要点。

▶ 技能目标

◎ 能够使用 After Effects 制作不同类型的合成特效。
◎ 能够借助 AI 工具生成特效视频。

▶ 素养目标

◎ 提高把握细节的能力，使合成特效的视觉效果更加自然。
◎ 提升审美水平，在合成特效中融入中式美学理念。

学习引导 📊

STEP 1　相关知识学习　　　　建议学时：___1___学时

课前预习	1. 扫码了解制作合成特效的原理和抠像技术，建立对合成特效的基本认识。 2. 搜索并欣赏合成特效案例，提升创新思维。

课前预习

课堂讲解	1. 合成特效的常见类型。 2. 合成特效的制作要点。
重点难点	1. 学习重点：不同类型合成特效的特点。 2. 学习难点：巧妙利用不同的技术手段制作合成特效。

STEP 2　案例实践操作　　　　建议学时：　3　学时

实战案例	1. 制作穿梭星空场景特效。 2. 制作撕纸特效。 3. 制作破碎特效。	**操作要点**	1. 抠像。 2. 蒙版。 3. 遮罩。

案例欣赏

STEP 3　技能巩固与提升　　　　建议学时：　3　学时

拓展训练	1. 制作趣味抠像合成特效。 2. 制作画面分屏特效。 3. 制作水墨晕染特效。
AI 辅助设计	1. 使用神采PromeAI生成星云特效视频。 2. 使用即梦AI生成汽车坠落特效。 3. 使用即梦AI生成科幻场景特效视频。
课后练习	通过填空题、选择题和操作题巩固行业知识和软件操作，提升实操能力。

6.1 行业知识：合成特效制作基础

合成特效就是将多个视频或图像等元素通过软件处理，结合成一个统一的画面，不仅能够增强画面的表现力，提升观众的沉浸感，还能够突破实际拍摄的局限，呈现出那些因成本、安全、技术等难以直接拍摄的场景。

6.1.1 合成特效的常见类型

在After Effects中，基于抠像、蒙版和遮罩这3种技术，能够制作出不同类型的合成特效。

- **抠像合成特效**。抠像合成特效主要通过抠除画面背景中的特定颜色（如蓝色或绿色），再替换为其他背景，实现不同画面的融合。如图6-1所示，以绿幕为背景拍摄视频后，后期处理时运用抠像技术先去除视频的绿色背景，再添加其他场景的背景，并适当调整画面色彩，使原视频中的人物和新场景融合得更加自然。

图6-1　抠像合成特效

设计大讲堂

　　在电影、电视、广告等行业中，绿幕和蓝幕是常见的抠像背景，这是因为绿色在多数视频捕捉设备中具有较高的亮度和较少的噪点（由于电流干扰出现在画面中的粗糙颗粒），使得绿幕在后期制作过程中更容易与前景（如演员或物体）分离；而蓝色与黄色是互补色，对大部分人的肤色而言，使用蓝幕可以最大化肤色与背景的对比度，从而有利于后期进行抠像处理。

- **蒙版合成特效**。可以简单地将蒙版理解成一个特殊的区域，通过调整蒙版的相关属性，可以将画面中的非蒙版区域隐藏起来，只显示蒙版区域内容，从而制作出蒙版合成特效。蒙版可以是任何形状，如矩形、圆形、多边形或自定义形状。如图6-2所示，利用蒙版技术先只显示海滩视频的下半部分，然后将天空视频移至海滩视频的下层，使其与原海滩视频的上半部分结合，从而制作出蓝天碧水的新画面。

图6-2　蒙版合成特效

● 遮罩合成特效。遮罩即遮挡、遮盖之意，遮罩合成特效与蒙版合成特效类似，但遮罩通常是利用一个画面的亮度或者不透明度来控制另一个画面的显示区域。图6-3所示为利用具有不同亮度的水墨视频画面来控制风景视频的显示效果。

图6-3　遮罩合成特效

6.1.2　合成特效的制作要点

在制作合成特效时，要先规划和构思整个效果，明确每个步骤的目的和预期效果，除了要注意校正合成前后的画面色彩差异外，还需要根据不同技术的原理和特点调整和优化整体效果。

● 抠像合成特效的制作要点。尽量选择具有单色背景的抠像素材，且背景颜色需要均匀，避免出现抠像不干净的情况。在进行抠像之前，还可以适当调整画面的对比度、颜色等，以提高抠像的精度和效果。另外，制作人员要根据素材的特点和制作需求选择合适的抠像效果，例如，在After Effects中，若需要抠取的画面中含有动物毛发，可使用"内部/外部键"效果；若需要抠取包含透明或半透明区域的画面，则可使用"颜色差值键"效果。

● 蒙版合成特效的制作要点。在制作蒙版之前，首先要明确蒙版的作用和效果，如是为了遮挡部分图像、创建特定显示形状还是为了与其他图像合成，然后根据目的选择合适的蒙版形状，如圆形、矩形、自定义形状等，再根据形状选择合适的工具创建蒙版，并仔细调整蒙版的路径、羽化等属性，以获得更好的画面效果。

● **遮罩合成特效的制作要点。** 制作人员可将现有的素材作为遮罩，也可以基于不透明度或亮度等特性手动创建遮罩，以精确控制显示区域。制作人员还可以灵活调整遮罩的样式，如使用模糊效果羽化遮罩的边缘，减少锐化，使遮罩效果更加自然。

6.2　实战案例：制作穿梭星空场景特效

案例背景

　　某科技馆推出了一个名为"穿越星空，触手可及"的宇宙探索项目，让受众可以体验宇宙的浩瀚与神秘，满足受众探索宇宙的好奇心。该科技馆准备为该项目制作一个宣传广告，现需为该广告制作穿梭星空场景的特效，具体要求如下。

　　（1）画面色彩绚烂，场景具有科幻感和神秘感。

　　（2）先模拟计算机显示器播放的效果，再制作穿梭进星空场景的效果。

　　（3）分辨率为1920像素×1080像素，时长在8秒左右，导出为MP4格式的视频文件。

设计思路

效果预览

穿梭星空场景
特效

　　场景画面以蓝色的星空作为背景，以行走在星空下的人物剪影作为主体，增强背景的亮度，以突出人物，加强视觉效果；背景中可添加流星划过的特效，进一步营造出宇宙的浩瀚与神秘氛围。

　　本例的参考效果如图6-4所示。

图6-4　穿梭星空场景特效的参考效果

操作要点

操作要点详解

　　（1）使用"颜色范围"效果抠取出人物剪影素材。

　　（2）使用"Keylight（1.2）"效果抠取出流星素材，再使用"色阶""三色调"效果调整星空背景和流星的色彩。

　　（3）使用"Keylight（1.2）"效果去除显示器素材中的绿色背景。

6.2.1　抠取剪影素材

　　由于剪影素材背景的色彩较为均匀，且与人物的颜色差别较大，而"颜色范围"效果可选取某个颜色范围，因此可以使用该效果抠取出人物剪影素材。具体操作如下。

（1）新建项目，再新建一个名称为"星空场景特效"、分辨率为1920像素×1080像素、帧速率为25帧/秒、持续时间为0：00：08：00的合成，导入所有素材。

（2）拖曳"人物剪影.mp4"素材至"时间轴"面板，在"效果和预设"面板中展开"抠像"栏，拖曳"颜色范围"效果至"人物剪影.mp4"素材，然后在"效果控件"面板的预览图右侧单击![]按钮，在画面中单击以吸取背景中的橙色，再单击"合成"面板下方的"切换透明网格"按钮![]预览画面，吸取画面中的色彩的前后对比效果如图6-5所示。

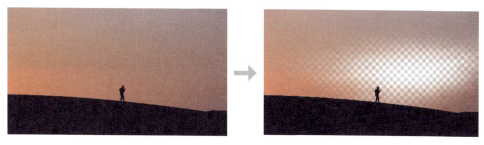

图6-5　吸取画面中的色彩的前后对比效果

（3）在"效果控件"面板中单击预览图右侧的![]按钮，然后吸取背景中的其他仍然存在的橙色，重复操作，直至人物剪影完全被抠取出来，此时，"效果控件"面板中的预览效果如图6-6所示，人物剪影的抠取效果如图6-7所示。

图6-6　"效果控件"面板中的预览效果　　　　图6-7　人物剪影的抠取效果

6.2.2 添加星空和流星

添加星空作为背景，但背景与前景（人物剪影）的对比不太明显，人物剪影不够突出，可利用"色阶"效果进行强化；然后添加流星素材，由于背景为纯蓝色，而"Keylight（1.2）"效果在蓝绿幕抠像中较为出色，因此可利用该效果去除背景，再利用"三色调"效果优化流星的色彩，使其在蓝色星空中更加自然。具体操作如下。

（1）拖曳"蓝色星空.mp4"素材至"时间轴"面板底层，此时可发现在星空背景下人物剪影面积过小，因此可以设置"人物剪影.mp4"图层的位置为"796.0,288.0"，缩放为

"200.0,200.0%"。

（2）在"效果和预设"面板中搜索"色阶"效果，将其拖曳至"蓝色星空.jpg"素材，然后在"效果控件"面板中设置输入黑色、输入白色和灰度系数分别为"6.0""197.0""1.68"，调整蓝色星空的前后对比效果如图6-8所示。

图6-8　调整蓝色星空的前后对比效果

（3）拖曳"流星.mp4"素材至"人物剪影.mp4"图层下方，在"效果和预设"面板中展开"Keying"栏，拖曳"Keylight（1.2）"效果至"流星.mp4"素材，然后单击"效果控件"面板中Screen Colour右侧的![]按钮，再单击画面中的蓝色，抠取流星素材画面的前后对比效果如图6-9所示。

图6-9　抠取流星素材画面的前后对比效果

（4）流星的色彩在蓝色星空中显得较为突兀，可将其调整为从白色到淡蓝色的色彩。在"效果和预设"面板中搜索"三色调"效果，将其拖曳至"流星.mp4"素材，在"效果控件"面板中分别设置高光、中间调、阴影、与原始图像混合为"#FFFFFF""#327DFF""#0139B3""20.0%"，如图6-10所示，流星色彩的前后对比效果如图6-11所示。

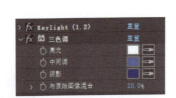

图6-10　设置"三色调"效果

图6-11　流星色彩的前后对比效果

6.2.3 制作穿梭效果

制作从显示器屏幕穿梭到星空画面的效果时，可以利用"Keylight（1.2）"效果去除显示器屏幕中的绿色，然后将特效画面对应的图层进行预合成，并适当调整，使其更加自然地融入屏幕，再结合缩放属性和位置属性的关键帧制作出时空穿梭的动态感。具体操作如下。

（1）拖曳"显示器.mp4"素材至"时间轴"面板顶层，并隐藏其他所有图层。在"效果和预设"面板中拖曳"Keylight（1.2）"效果至"显示器.mp4"素材，单击"效果控件"面板中Screen Colour右侧的 按钮，再单击显示器屏幕中的绿色，抠取显示器屏幕的前后对比效果如图6-12所示。

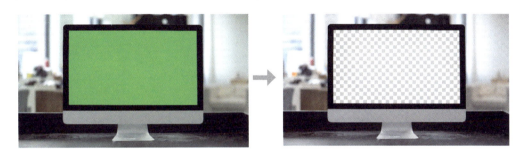

图6-12　抠取显示器屏幕的前后对比效果

（2）显示所有图层，将"显示器.mp4"图层下方的所有图层预合成为"画面"预合成，适当调整大小和位置，使其完整显示在屏幕中。

（3）将所有图层预合成为"穿梭"预合成，在0：00：01：00处为位置属性和缩放属性开启关键帧，然后在0：00：02：00处设置位置和缩放为"960.0,729.0""182.0,182.0%"，穿梭效果如图6-13所示。

图6-13　穿梭效果

（4）按【Ctrl+S】组合键保存项目，并命名为"穿梭星空场景特效"，再导出MP4格式的视频文件。

6.3 实战案例：制作撕纸特效

案例背景

毕业季即将来临，某学校决定制作一个以"毕业季"为主题的视频，以展现毕业生们的成长历程、校园生活，以及他们对未来的憧憬与期待。为了提升视频的观赏效果，需要设计一个撕纸特效作为片头的开场效果，具体要求如下。

（1）撕纸的效果逼真，且具有立体感，撕纸的动画流畅自然。

（2）撕纸后显示领取证书的画面，以引出视频主题。

（3）分辨率为1920像素×1080像素，时长在5秒左右，导出为MP4格式的视频文件。

💡 **设计思路**

采用从画面中间撕下纸张的方式，使受众视线集中在画面中心，以突出下层画面中的重点信息，然后为纸张制作立体效果。按照从右往左的方向撕扯纸张，并在中间短暂停顿后再继续撕扯，产生节奏变化，起到视觉引导的作用，再利用音效加深受众的印象。

效果预览

撕纸特效

本例的参考效果如图6-14所示。

图6-14　撕纸特效的参考效果

🖱 **操作要点**

（1）使用蒙版制作出纸张的缺口，再使用"毛边"效果优化缺口边缘。

（2）利用"CC Page Turn"效果制作撕纸的动画效果，再结合多种效果制作出阴影。

操作要点详解

（3）添加撕纸音效，调整音效的时长和出现位置。

6.3.1 制作撕纸效果

利用蒙版先制作撕下的纸张的缺口，然后使用"毛边"效果模拟纸张边缘的毛边效果，再添加浅灰色边缘增强撕下的纸张的真实感。具体操作如下。

微课视频

制作撕纸效果

（1）新建项目，再新建一个名称为"撕纸特效"、分辨率为1920像素×1080像素、帧速率为25帧/秒、持续时间为0:00:06:00、背景颜色为#000000的合成，导入所有素材。

（2）拖曳"空旷教室.mp4"素材至"时间轴"面板，选择"钢笔工具" ✒，在"合成"面板中画面外的左侧单击以创建第一个锚点，再依次在右侧创建多个锚点，如图6-15所示，绘制出多条折线段。

（3）在折线下方创建多个锚点，并在最后单击第一个锚点以闭合蒙版，制作出撕下的纸张效果，如图6-16所示。

图6-15　创建多个锚点

图6-16　闭合蒙版

操作小贴士

　　若对绘制的蒙版形状不满意,使用"添加'顶点'工具" 在蒙版路径上单击可以添加锚点;使用"删除'顶点'工具" 单击锚点可以将其删除;使用"转换'顶点'工具" 单击锚点可以改变锚点类型,使路径在直线段与曲线段之间进行转换。

　　(4)将图层重命名为"撕纸",然后复制该图层,将复制得到的图层重命名为"底层"。展开"底层"图层下的"蒙版"栏,选中"蒙版1"栏最右侧的"反转"复选框,如图6-17所示。隐藏"撕纸"图层,查看纸张缺口效果,如图6-18所示。

图6-17　选中"反转"复选框

图6-18　纸张缺口效果

　　(5)在"效果和预设"面板中展开"风格化"文件夹,拖曳"毛边"效果至"底层"图层,然后在"效果控件"面板中设置边缘类型为"颜色粗糙化"、边缘颜色为"#D7D7D7",其他参数如图6-19所示,效果如图6-20所示。

图6-19　设置"毛边"效果

图6-20　缺口的毛边效果

（6）由于毛边效果影响了画面四周，因此可适当放大素材，使画面四周的毛边效果无法显示，不影响中间的毛边效果。按住【Ctrl】键的同时选择"撕纸"和"底层"图层，按【S】键显示缩放属性，设置缩放为"103.0,103.0%"，前后对比效果如图6-21所示。

（7）为缺口增加一层浅灰色的边，增强撕纸效果。新建颜色为"#E2E2E2"的纯色图层，选择"底层"图层下的"蒙版"栏，按【Ctrl+C】组合键复制，然后单击纯色图层，按【Ctrl+V】组合键粘贴。

（8）展开纯色图层下的"蒙版"栏，单击"蒙版 1"栏，使蒙版路径在"合成"面板中显示出来，将第一排的锚点适当向下移动,将第二排的锚点适当向上移动，增加边缘的显示区域，效果如图6-22所示。

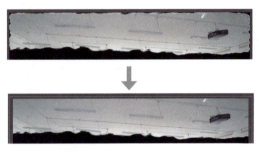

图6-21　前后对比效果　　　　　　　　图6-22　调整纯色图层的蒙版路径

操作小贴士

若蒙版路径的颜色在"合成"面板中不够明显，可单击"蒙版"栏下的"蒙版 1"栏（后方数字不固定）左侧的色块，在打开的"蒙版颜色"对话框中重新设置蒙版路径的颜色。

（9）显示"撕纸"图层，此时发现毛边效果会影响画面的显示，需要调整。按照步骤（8）的方法，单击"撕纸"图层的"蒙版"栏，适当调整蒙版的锚点位置，使画面显示完整，调整蒙版路径的前后对比效果如图6-23所示。

图6-23　调整蒙版路径的前后对比效果

6.3.2 制作撕纸动画

利用"CC Page Turn"效果制作从右向左撕开纸张的动画效果，再结合"色相/饱和度""高斯模糊"效果在其下方制作一个跟随撕下的纸张移动的阴

微课视频

制作撕纸动画

影，加强动画的立体感。具体操作如下。

（1）在"效果和预设"面板中展开"扭曲"文件夹，拖曳"CC Page Turn"效果至"撕纸"图层，然后在"效果控件"面板中设置Fold Position为"1885.0,790.0"、Back Page为"无""源"、Paper Color为"#B4B4B4"，如图6-24所示，使纸张回到未被撕开的状态，并让纸张背面呈白色。

（2）在"效果控件"面板中，开启Fold Position属性的关键帧，将时间指示器移至0:00:01:00处，保持效果被选中的状态，"合成"面板中将出现◉图标，将其拖曳至画面左下角的位置，使纸张呈现被撕开的效果，如图6-25所示。

图6-24　设置效果参数　　　　　　　　图6-25　制作撕开纸张的效果

（3）在"时间轴"面板中按【U】键显示关键帧，将时间指示器移至0:00:02:00处，为Fold Position属性添加关键帧，保持数值不变。再将时间指示器移至0:00:03:00处，将◉图标向左拖曳至画面外，呈现出完全撕开纸张的效果，效果如图6-26所示。

图6-26　完全撕开纸张的效果

（4）为了在撕开纸张的下方制作跟随纸张移动的阴影特效，可直接复制"撕纸"图层，得到"撕纸 2"图层，将其移至"底层"图层下方，然后分别在"效果和预设"面板中搜索"色相/饱和度""高斯模糊"效果，并将这两个效果应用到"撕纸 2"图层上，参数设置如图6-27所示。

（5）为更好地观察阴影效果，可单击"合成"面板下方的"切换透明网格"按钮▣，阴影效果如图6-28所示。

（6）拖曳"毕业季.mp4"素材至白色纯色图层下方，使其作为撕纸后出现的画面。将时间指示器移至0:00:00:00处，预览撕纸的动画效果，如图6-29所示。

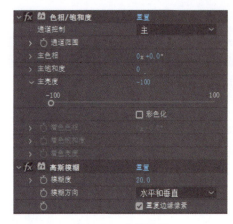

图6-27　参数设置

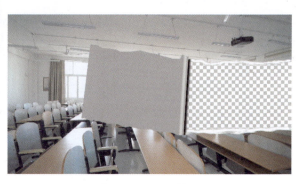

图6-28　阴影效果

图6-29　撕纸的动画效果

6.3.3　添加并调整撕纸音效

为了制作出更逼真的撕纸特效，可以添加撕纸音效，并根据撕纸动画的关键帧来调整音效的时长以及出现位置。具体操作如下。

微课视频

添加并调整
撕纸音效

（1）拖曳"撕纸音效.mp3"素材到"时间轴"面板最下层，展开该图层的"音频""波形"栏，然后试听音效，据此进行后续的音效调整。将鼠标指针移至"伸缩"栏下方对应的数值上，按住鼠标左键不放并向右拖曳鼠标，直至第一段音效的时长在1秒左右，再使音效的起始处与0:00:00:00对齐，如图6-30所示。

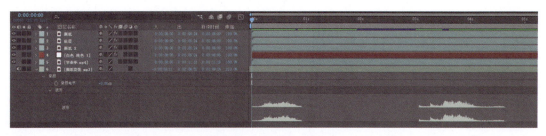

图6-30　调整第一段音效

（2）将时间指示器移至0:00:01:00处，按【Ctrl+Shift+D】组合键拆分图层，再适当调整后一段音效的位置，使其大致位于第2秒～第3秒，如图6-31所示。

（3）按【Ctrl+S】组合键保存项目，并命名为"撕纸特效"，再导出MP4格式的视频文件。

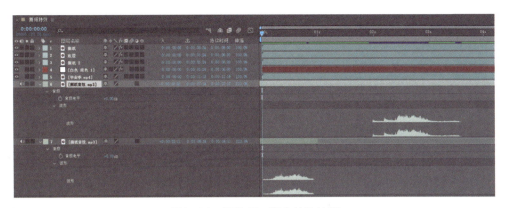

图6-31   调整后一段音效的位置

6.4 实战案例：制作破碎特效

案例背景

《黎明的曙光》是一部讲述主角如何从绝望中寻得希望的电影，现需为该电影片头设计一个特效，展现墙面破碎后显示电影名称的效果，具体要求如下。

（1）墙面裂痕及破碎效果逼真，确保破碎效果自然且有力。

（2）画面的视觉冲击力强，能够第一时间抓住受众的视线。

（3）分辨率为1920像素×1080像素，时长在5秒左右，导出为MP4格式的视频文件。

设计思路

（1）文本效果设计。通过墙面的破碎缺口展示电影名称，并透过缺口露出墙后的火光，为文本增加立体效果，提升墙面的真实感。

（2）破碎动画设计。根据墙面上逐渐显现的裂痕，墙面遮罩文本从左至右开始破碎，引导受众视线。

效果预览

遮罩破碎特效

本例的参考效果如图6-32所示。

图6-32   破碎特效的参考效果

操作要点

（1）使用"色阶""Lumetri颜色"效果优化墙面的显示效果，利用火光素材遮罩文本，再使用图层样式使文本立体化。

（2）使用墙面遮罩文本，再使用"碎片"效果制作该遮罩文本破碎的效果。

（3）利用混合模式将裂痕融入墙面，再利用蒙版制作从左至右逐渐裂开的效果。

操作要点详解

6.4.1 制作火光遮罩文本

先加强墙面的明暗对比，凸显出表面的裂痕，并制作暗角效果，接着利用遮罩制作出带火光效果的文本，提升视觉冲击力。具体操作如下。

微课视频
制作火光遮罩文本

（1）新建项目，再新建一个名称为"破碎特效"、分辨率为1280像素×720像素、帧速率为25帧/秒、持续时间为0:00:05:00的合成，导入所有素材。

（2）拖曳"墙面.jpg"素材至"时间轴"面板，然后按【Ctrl+Alt+F】组合键，使其与合成等大。

（3）在"效果和预设"面板中搜索"色阶"效果，将该效果拖曳至"墙面.jpg"素材上，在"效果控件"面板中设置输入黑色、灰度系数、输出黑色分别为"-25.5""0.29""-20.0"，加强画面的明暗对比。

（4）在"效果和预设"面板中搜索"Lumetri颜色"效果，将其拖曳至"墙面.jpg"素材上，在"效果控件"面板的"晕影"栏中设置数量、中点、羽化分别为"-2.8""30.0""60.0"，制作出暗角效果，调整墙面图像的前后对比效果如图6-33所示。

图6-33　调整墙面图像的前后对比效果

（5）使用"横排文字工具" T 在画面中输入"黎明的曙光"文本，在"文本"面板中设置图6-34所示的参数，文本效果如图6-35所示。

图6-34　设置文本样式

图6-35　文本效果

（6）拖曳"火光.mp4"素材至文本图层下方，设置位置为"648.0,320.0"，然后在"时间轴"面板的"轨道遮罩"栏对应的下拉列表中选择"1.黎明的曙光"选项，如图6-36所示，火光遮罩文本的前后对比效果如图6-37所示。

图6-36　设置遮罩　　　　　　　　　图6-37　火光遮罩文本的前后对比效果

（7）为"火光.mp4"图层应用"色阶"效果，并设置输入白色为"218.0"，提升亮度。

（8）为体现文本在墙面中的凹陷感，可先将文本图层和"火光.mp4"图层预合成为"文本"预合成，然后选择【图层】/【图层样式】命令，在弹出的子菜单中分别选择"内阴影""斜面和浮雕"命令，在"时间轴"面板中设置图6-38所示的参数，文本凹陷效果如图6-39所示。

图6-38　设置图层样式　　　　　　　　　图6-39　文本凹陷效果

6.4.2 制作墙面遮罩文本破碎特效

利用遮罩先制作与凹陷文本相对应的墙面文本，然后使用"碎片"效果模拟墙面遮罩文本破碎的效果，再调整参数以优化碎片的样式，并通过关键帧制作从左至右逐渐破碎的效果，符合受众的观看习惯。具体操作如下。

微课视频

制作墙面遮罩文本
破碎特效

（1）双击打开"文本"预合成，选择文本图层，按【Ctrl+C】组合键复制，然后切换到"破碎特效"合成，按【Ctrl+V】组合键粘贴。

（2）选择"墙面.jpg"图层，按【Ctrl+D】组合键重复该图层，然后同时选择任意一个"墙面.jpg"图层和复制得到的文本图层，将它们预合成为"破碎文本"预合成。

（3）双击打开"破碎文本"预合成，在"时间轴"面板的"墙面.jpg"图层的"轨道遮罩"栏对应的下拉列表中选择"1.黎明的曙光"选项，如图6-40所示，墙面遮罩文本的效果如图6-41所示。

图6-40　设置遮罩

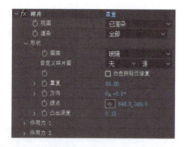

图6-41　墙面遮罩文本的效果

（4）切换到"破碎特效"合成，可发现火光文本的凹陷效果较为突出，因此可将"文本"预合成中的图层样式复制到"破碎文本"预合成中的文本图层上。

（5）切换到"破碎特效"合成，选择"破碎文本"预合成，在"效果和预设"面板中搜索"碎片"效果，将其拖曳至"破碎文本"预合成上，然后在"效果控件"面板中设置渲染为"全部"，"形状"栏中的参数设置如图6-42所示，墙面遮罩文本破碎的效果如图6-43所示。

图6-42　设置"形状"栏中的参数

图6-43　墙面遮罩文本破碎的效果

（6）制作"破碎文本"预合成从左至右逐渐破碎的动画。将时间指示器移至0：00：00：17处，在"效果控件"面板中展开"作用力1"栏，设置位置为"42.0,360.0"，并开启该属性的关键帧，再将时间指示器移至0：00：03：17处，设置位置为"1044.0,362.0"，动画效果如图6-44所示。

图6-44　墙面遮罩文本破碎的动画效果

6.4.3　制作裂痕特效

微课视频

制作裂痕特效

为使破碎的墙面更加自然，可以利用裂痕图像素材和混合模式制作一个裂痕特效，并使用蒙版制作墙面从左至右逐渐裂开的效果，让文本随着裂痕的出现开始破碎。具体操作如下。

（1）拖曳"裂纹.jpg"素材至"墙面.jpg"素材上方，设置缩放为"202.0,202.0%"，再适当调整位置，使其能够贯穿文本，可设置位置为"638.0,376.0"。

（2）在"裂纹.jpg"图层"模式"栏对应的下拉列表中选择"相乘"选项，使其融入墙面，画面的前后对比效果如图6-45所示。

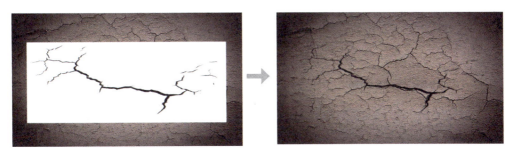

图6-45 画面的前后对比效果

（3）将时间指示器移至0:00:01:00处，选择"裂纹.jpg"图层，双击"矩形工具"■创建蒙版，然后开启蒙版路径属性的关键帧，蒙版效果如图6-46所示。将时间指示器移至0:00:00:00处，拖曳蒙版右侧的两个锚点至左侧，使裂痕完全消失，如图6-47所示。

图6-46 创建蒙版　　　　　　　　　　图6-47 调整蒙版

（4）预览画面效果，如图6-48所示。按【Ctrl+S】组合键保存项目，并命名为"破碎特效"，再导出MP4格式的视频文件。

图6-48 画面效果

6.5 拓展训练

实训1 制作趣味抠像合成特效

实训要求

（1）某教育机构策划的科普短视频即将上线，为吸引儿童的关注，需要为画面中的鸡蛋素材制作趣味抠像合成特效，通过为鸡蛋添加各种表情创造出既有趣又富有创意的视觉效果。

（2）表情多样化、自然生动，确保与鸡蛋形状贴合。

（3）分辨率为1000像素×800像素，时长在5秒以内，导出为MP4格式的视频文件。

✍ 操作思路

（1）依次添加鸡蛋素材和首个表情素材到"时间轴"面板，适当调整表情素材的大小和位置，然后使用"Keylight（1.2）"效果抠取表情。

（2）依次添加其他表情素材，使用相同的方法调整大小和位置，再使用"Keylight（1.2）"效果抠取表情。

具体制作过程如图6-49所示。

效果预览

趣味抠像合成
特效

①添加表情素材并调整大小和位置

②抠取素材

③添加、调整并抠取其他素材

图6-49　趣味抠像合成特效制作过程

实训 2　制作画面分屏特效

☆ 实训要求

（1）为某美食栏目的美食展示片段制作一个画面分屏特效，提升栏目内容的观赏性。

（2）选取不同美食视频素材的部分画面，制作出画面分屏特效，并依次展现各个画面，增强视觉冲击力。

（3）分辨率为1920像素×1080像素，时长在5秒左右，导出为MP4格式的视频文件。

✍ **操作思路**

（1）新建黑色的纯色图层作为背景，添加"红烧牛肉.mp4""酸菜鱼.mp4""小龙虾.mp4"素材，创建一个矩形蒙版，选取画面中较为美观的部分。

（2）依次添加其他美食素材，复制步骤（1）中创建的蒙版到其他素材中，保持每个画面等大，再适当调整蒙版的位置，以改变画面的选取范围。

（3）调整3个画面的位置，然后利用蒙版路径属性的关键帧制作渐显动画。
具体制作过程如图6-50所示。

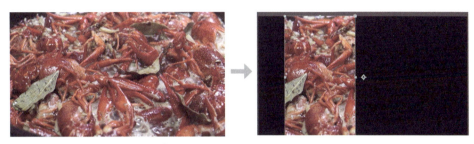

①添加黑色背景，创建矩形蒙版并调整大小

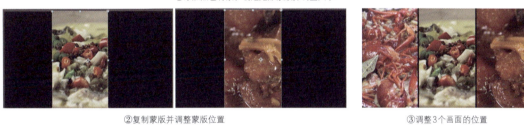

②复制蒙版并调整蒙版位置　　　　　　　　　③调整3个画面的位置

④利用蒙版路径属性的关键帧制作动画

图6-50　画面分屏特效制作过程

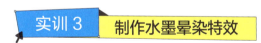

实训 3　制作水墨晕染特效

▣ **实训要求**

（1）为南浔古镇的宣传片制作水墨晕染特效，营造传统、古朴的氛围。

（2）利用水墨晕染素材使视频画面和字幕内容逐渐显示，加强视觉效果，吸引受众的注意。

（3）分辨率为1920像素×1080像素，时长在12秒左右，导出为MP4格式的视频文件。

✍ **操作思路**

（1）添加"古镇1.mp4"和"水墨素材.mp4"素材，为"古镇1"素材设置轨道遮罩，使其以"水墨素材"素材中的水墨大小作为显示区域。

效果预览

水墨晕染特效

（2）在画面左侧添加文本和印章图像，并预合成为"文本"预合成，然后添加"水墨素材2.mov"素材，适当调整位置、缩放和旋转，再将其设置为预合成的轨道遮罩。

（3）将所有图层预合成为"片段1"预合成。使用相同的方法依次为其他的古镇视频素材及字幕文本制作水墨晕染特效，并水平翻转第2段画面的"水墨素材"素材，最后添加背景音乐。

具体制作过程如图6-51所示。

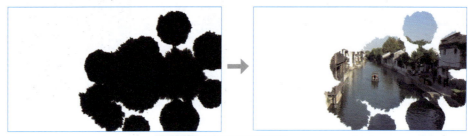

①添加素材并设置轨道遮罩

②添加文本和印章图像

③为文本和印章图像制作水墨晕染特效

④为其他画面制作水墨晕染特效并添加背景音乐

图6-51　水墨晕染特效制作过程

📌 **设计大讲堂**

水墨风是一种恬静淡雅的中式艺术风格，体现了我国文化的独有韵味，可以营造出古朴的氛围，使简洁的画面具有独特的意境、格调，展现出深厚的思想内涵及文化底蕴。制作人员在制作该类风格的影视作品时，可从传统元素中汲取灵感，结合当代设计理念，实现独特的视觉美感，更好地传承和发扬传统文化。

6.6　AI辅助设计

神采 PromeAI　生成星云特效视频

　　神采PromeAI是李白人工智能实验室的代表作之一，拥有强大的人工智能驱动设计助手和广泛可控的AIGC（Artificial Intelligence Generated Content，生成式人工智能）模型风格库，能够轻松地生成图形、视频和动画，具有草图渲染、高清放大、涂抹替换、尺寸外扩、图生视频等功能。在影视后期合成与特效制作领域，制作人员可以使用神采PromeAI将特效图片制作为视频。例如，使用神采PromeAI生成星云特效视频。

图生视频

> 使用方式：上传参考图 → 输入提示 → 设置运动强度。

模式选择：AI工具 → 生成式工具 → 图生视频。

提示：星云流光特效、梦幻绚烂。

运动强度：80。

参考图如下。

效果预览

星云特效视频

示例效果如下。

即梦 AI　生成汽车坠落特效视频

即梦AI是剪映旗下的一款生成式人工智能创作平台，支持通过输入文字和上传参考图生成高质量的图像及视频，还提供智能画布、故事创作模式，以及首尾帧、运镜控制、速度控制等AI编辑功能。在影视后期合成与特效制作领域，制作人员可以使用即梦AI的图生视频功能生成特效素材。例如，使用即梦AI生成汽车坠落特效视频。

图生视频

使用方式：上传参考图。
主要参数：是否使用尾帧、描述、动效画板、模式选择、生成时长、视频比例。

模式选择：视频生成 → 图生视频。　参考图如下。

是否使用尾帧：否。

描述：汽车从远处飞来并坠落到地上。

动效画板：设置主体和结束位置。

模式选择：流畅模式。

生成时长：4s。

视频比例：根据图片自动适配16：9。

示例效果如下。

效果预览

汽车坠落特效视频

即梦 AI　生成科幻场景特效视频

在即梦AI中，除了可以使用图片生成视频，制作人员还可以通过输入简单的文本描述并设置参数，让即梦AI自动生成相应的视频内容。例如，使用即梦AI生成科幻场景特效视频。

文生视频

使用方式：输入文本描述画面内容。

主要参数：运镜控制、运动速度、模式选择、生成时长、视频比例。

模式选择：视频生成 → 文生视频。

描述：具有科幻风格的场景特效，有建筑，蓝色调，高科技元素。

运镜控制：变焦拉远·大。

运动速度：适中。

模式选择：标准模式。

生成时长：6s。

视频比例：16：9。

效果预览

科幻场景特效视频

示例效果如下。

拓展训练

请参考上面提供的神采PromeAI和即梦AI的使用方法，生成白云在蓝天中汇集并形成爱心形状的特效视频，提高对神采PromeAI和即梦AI的应用能力。

6.7 课后练习

1．填空题

（1）_____合成特效主要通过抠除画面背景中的特定颜色，再替换为其他背景，实现不同画面的融合。

（2）_____和_____是常见的抠像素材背景。

（3）在蒙版合成特效中，_____可以是任何形状，如矩形、圆形、多边形或自定义形状。

（4）使用即梦AI的文生视频功能时，需要设置_____、_____、模式选择、

_____、_____参数。

2. 选择题

（1）【单选】（　　）效果常用于抠取包含透明或半透明区域的画面。

A. 线性颜色键　　　　B. 颜色差值键　　　　C. Keylight（1.2）　　D. 差值

（2）【单选】若要创建一个与图层等大的矩形蒙版，可以双击（　　）。

A. 钢笔工具　　　　　B. 星形工具　　　　　C. 矩形工具　　　　　D. 椭圆工具

（3）【多选】遮罩可以利用图层的（　　）来进行控制。

A. 不透明度　　　　　B. 色彩　　　　　　　C. 亮度　　　　　　　D. 对比度

（4）【多选】若要抠取出图6-52所示的视频素材中飞行的飞机，利用（　　）更简单、高效。

图6-52　视频素材中飞行的飞机

A. "线性颜色键"效果　　　　　　　　　　B. "Keylight（1.2）"效果

C. 蒙版　　　　　　　　　　　　　　　　D. 遮罩

3. 操作题

（1）将"花海.mp4"视频中的花海与"天空.mp4"视频中的天空合成在同一画面中，要求适当调整天空的明暗度，使合成效果更加自然，参考效果如图6-53所示。

效果预览

合成花海和天空

图6-53　合成花海和天空的参考效果

（2）以"书香弥漫"为主题制作宣传片，要求利用水墨素材制作该宣传片的转场特效，再添加字幕，参考效果如图6-54所示。

效果预览

《书香弥漫》
宣传片

图6-54　《书香弥漫》宣传片的参考效果

图6-54　《书香弥漫》宣传片的参考效果（续）

（3）使用神采PromeAI的图生视频功能，利用参考图生成闪电特效视频，参考效果如图6-55所示。

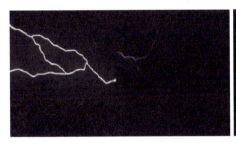

效果预览

闪电特效视频

图6-55　闪电特效视频

（4）使用即梦AI的文生视频功能生成绚丽的宇宙特效视频，参考效果如图6-56所示。

效果预览

宇宙特效视频

图6-56　宇宙特效视频

第 **7** 章

第　　章

光效与粒子特效制作

在影视后期领域，光效与粒子特效是较为常见的两种特效类型，通常作为辅助元素出现在画面中。这两种特效不仅可以提升影视作品的视觉冲击力，还可以营造出梦幻、奇特的场景氛围，甚至可以引导受众的视线，从而为受众带来更好的视觉享受和引起受众的情感共鸣。

学习目标

▶ **知识目标**

◎ 掌握光效的主要类型。
◎ 掌握粒子特效的主要类型。

▶ **技能目标**

◎ 能够使用 After Effects 制作不同类型的光效与粒子特效。
◎ 能够借助 AI 工具生成特效图像和特效视频。

▶ **素养目标**

◎ 提升创意表达能力，勇于实践新想法。
◎ 培养耐心的工作态度，能够持之以恒地调试和优化特效。

学习引导

STEP 1 相关知识学习　　　建议学时：___1___学时

课前预习
1. 扫码了解光效与粒子特效的原理，建立对光效与粒子特效的基本认识。
2. 搜索并欣赏光效与粒子特效的案例，提升审美与创新能力。

课前预习

课堂讲解
1. 光效的主要类型。
2. 粒子特效的主要类型。

重点难点
1. 学习重点：不同类型的光效与粒子特效的特点。
2. 学习难点：灵活运用多种效果制作特效、Particular插件的使用。

STEP 2 案例实践操作　　　建议学时：___2___学时

实战案例
1. 制作科技感光效。
2. 制作烟花特效。

操作要点
1. "杂色和颗粒""风格化""扭曲""生成""模拟""模糊和锐化"效果组。
2. Particular插件。

案例欣赏

STEP 3 技能巩固与提升　　　建议学时：___2___学时

拓展训练
1. 制作霓虹灯光效。
2. 制作火焰特效。

AI 辅助设计
1. 使用通义万相生成特效图像。
2. 使用通义万相生成特效视频。

课后练习　通过填空题、选择题和操作题巩固理论知识，提升实操能力。

7.1　行业知识：光效与粒子特效制作基础

光效是一种利用光学原理和影视后期技术创造出的特殊视觉效果，而粒子特效则是一种模拟现实世界中水、火、雾、气等自然现象或物体相互作用的视觉特效。在影视后期中，充分利用这两种特效可以创造出精彩的影视作品。

7.1.1　光效的主要类型

利用光学原理和影视后期技术可以创造出丰富多样的光效，光效的主要类型有以下几种。

- **自然光效**。这类光效主要模拟自然界中的光线效果，如太阳光、月光、星光等，可以营造出逼真的场景氛围，增强受众的沉浸感。
- **艺术光效**。这类光效是在自然光效的基础上，通过艺术加工和创意构思实现的光影效果，主要用于强调视觉效果，如镜头光晕（见图7-1）、光束效果和霓虹灯光效等。
- **特殊光效**。这类光效主要用于创造超出自然光效和艺术光效范畴的视觉效果，如爆炸光效（爆炸时产生的强烈光线）、科技光效（未来科技或科幻场景中的光线效果，见图7-2），可以有效增强画面的视觉冲击力。

图7-1　镜头光晕

图7-2　科技光效

7.1.2　粒子特效的主要类型

粒子特效通常是通过模拟大量微小粒子的运动来产生视觉效果的，其主要类型有以下几种。

- **自然现象特效**。模拟雪花飘落、雨滴下落等效果，使画面具有真实感和动感。
- **爆炸特效**。模拟爆炸产生的烟雾、火花等效果，常用于动作片、科幻片等场景，图7-3所示为烟雾特效。
- **火焰特效**。模拟火焰的燃烧等效果，常用于战争、游戏等场景。
- **水特效**。模拟水的流动、喷溅等效果，常用于表现雨天等场景，图7-4所示为水流特效。

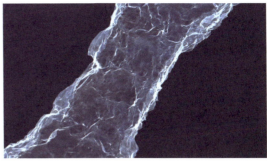

图7-3 烟雾特效　　　　　　　　　　　　图7-4 水流特效

7.2 实战案例：制作科技感光效

案例背景

某科技项目策划制作一则专题片，用于向公众展示最新的技术成果，现需要在其中添加光效，具体要求如下。

（1）特效具有科技感，特效变化自然流畅。

（2）分辨率为1920像素×1080像素，时长在5秒左右，导出为MP4格式的视频文件。

设计思路

光效以由小变大的圆圈为基本形态，模拟能量的扩散过程，利用线条和点组成圆圈样式，再为其添加发光效果，提升视觉效果。

本例的参考效果如图7-5所示。

效果预览

科技感光效

图7-5 科技感光效的参考效果

设计大讲堂

蓝色是一种冷色调色彩，给人以冷静、理智的感觉，这与科技行业追求理性、逻辑清晰的特点相契合，因此在制作具有科技感的特效时通常会采用蓝色作为主色。

操作要点

（1）结合"分形杂色""查找边缘""CC Ball Action"（CC滚珠）效果制作特效样式。

（2）使用蒙版功能和"极坐标"效果制作动态变化的圆圈。

（3）利用"色调"效果调整特效色彩，利用"发光"效果制作发光特效。

7.2.1 制作特效样式

先制作动态变化的方块，再将方块转换为线条，呈现出流动感，使特效样式更加生动；使用相同的方法制作动态变化的点，增加细节和层次感。具体操作如下。

（1）新建项目，再新建一个名称为"科技感光效"、分辨率为1920像素×1080像素、帧速率为24帧/秒、持续时间为0:00:05:00的合成。

（2）新建"分形"纯色图层，在"效果和预设"面板中搜索"分形杂色"效果，双击该效果进行应用，然后在"效果控件"面板中设置杂色类型为"块"、对比度为"200.0"、亮度为"-30.0"、复杂度为"3.0"，展开"变换"栏，设置缩放为"800.0"，画面前后对比效果如图7-6所示。

图7-6　画面前后对比效果

（3）在"效果控件"面板中开启并添加偏移（湍流）属性和演化属性的关键帧，在0:00:04:23处设置偏移（湍流）和演化分别为"960.0,2000.0""2x+0°"。

（4）按【Ctrl+D】组合键复制图层，将上层图层重命名为"分形2"，选择"分形2"图层，在"效果控件"面板的"变换"栏中取消选中"统一缩放"复选框，其他参数的调整如图7-7所示，画面效果如图7-8所示。

图7-7　调整其他参数

图7-8　画面效果

（5）设置"分形""分形2"图层的混合模式均为"屏幕"，在"时间轴"面板中单击鼠标右键，在弹出的快捷菜单中选择【新建】/【调整图层】命令，在"效果和预设"面板中搜索"查找边缘"效果，双击该效果进行应用，然后在"效果控件"面板中选中"反转"复选框，画面效果如图7-9所示。

（6）新建"小色块"纯色图层，应用"分形杂色"效果，在"效果控件"面板中设置对比度为"600.0"、亮度为"-150.0"，在0:00:00:00和0:00:04:23处分别为演化属性添加"0x+0°""2x+0°"的关键帧。

（7）为"小色块"纯色图层应用"CC Ball Action"效果，设置Grid Spacing（网格间距）为"15"、Ball Size（球径）为"100.0"，再设置该图层的混合模式为"屏幕"，效果如图7-10所示。

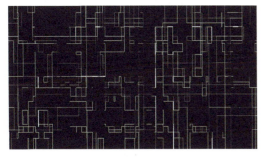

图7-9　应用"查找边缘"效果后的画面效果　　　　图7-10　"小色块"纯色图层的效果

（8）预览特效样式，如图7-11所示。将所有图层预合成为"样式"预合成。

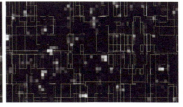

图7-11　特效样式

7.2.2　制作动态圆圈

先利用蒙版为设计好的特效样式制作从上至下滚动显示的动画，再利用"极坐标"效果将其转换为圆圈，使其从内而外逐渐散开。具体操作如下。

微课视频

制作动态圆圈

（1）新建黑色的纯色图层，使用"矩形工具" ■ 绘制图7-12所示的矩形蒙版，在"蒙版"栏中选中"反转"复选框，设置蒙版羽化为"120.0,120.0"，效果如图7-13所示。

（2）开启蒙版路径属性的关键帧，先将蒙版平移至画面上方（移出画面外），然后将时间指示器移至0:00:04:23处，将蒙版平移至画面下方（移出画面外），蒙版的动态效果如图7-14所示。

图7-12　绘制矩形蒙版

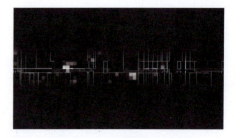

图7-13　调整蒙版效果

图7-14　蒙版的动态效果

（3）将所有图层预合成为"元素"预合成，为其应用"极坐标"效果，设置插值为"100%"、转换类型为"矩形到极线"，应用"极坐标"效果的前后对比如图7-15所示，动态圆圈的效果如图7-16所示。

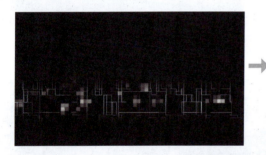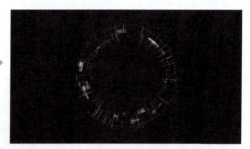

图7-15　应用"极坐标"效果的前后对比

图7-16　动态圆圈的效果

7.2.3　调整色彩并添加光效

先利用"色调"效果将特效调整为蓝色调，增强科技感，再利用"发光"效果增强特效的光感，使其更加明亮。具体操作如下。

（1）为"元素"预合成应用"色调"效果，在"效果控件"面板中设置将白色映射为"#3FABFF"，效果如图7-17所示。

微课视频

调整色彩并添加光效

（2）为"元素"预合成应用"发光"效果，在"效果控件"面板中设置发光强度为"8.0"，效果如图7-18所示。

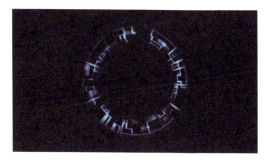

图7-17　应用"色调"效果　　　　　　图7-18　应用"发光"效果

（3）预览最终效果，如图7-19所示。按【Ctrl+S】组合键保存项目，并命名为"科技感光效"，再导出MP4格式的视频文件。

图7-19　最终效果

7.3 实战案例：制作烟花特效

📇 案例背景

为庆祝国庆节的到来，某融媒体中心准备制作一个短视频，并在其中添加烟花特效，营造出浓厚的节日氛围，同时增强视觉冲击力，具体要求如下。

（1）特效尽可能接近真实的烟花效果，包括颜色、形状以及爆炸时的动态效果。

（2）分辨率为1920像素×1080像素，时长在6秒左右，导出为MP4格式的视频文件。

💡 设计思路

模拟真实烟花绽放的过程，即烟花先从画面下方缓缓升起，然后在画面中间位置或达到某个较高的点后爆开，再制作多个色彩不一且间隔发射的小烟花。

本例的参考效果如图7-20所示。

效果预览

烟花特效

图7-20　烟花特效的参考效果

操作要点

操作要点详解

（1）利用点光和Particular插件模拟烟花上升的特效。

（2）利用Particular插件模拟烟花炸开的特效，利用"发光"效果增强烟花的真实感。

（3）利用"色相/饱和度"效果调整多个烟花的色彩。

7.3.1　模拟烟花上升特效

微课视频

模拟烟花上升特效

先利用点光制作一个移动动画，然后利用插件使用点光的移动路径来模拟烟花上升的路径，同时调整参数，使其符合现实中烟花发射的形态。具体操作如下。

（1）新建项目，再新建一个名称为"烟花"、分辨率为1920像素×1080像素、帧速率为24帧/秒、持续时间为0:00:05:00的合成。

（2）在"时间轴"面板中单击鼠标右键，在弹出的快捷菜单中选择【新建】/【灯光】命令，打开"灯光设置"对话框，设置图7-21所示的参数（颜色无影响），单击 确定 按钮。

（3）将时间指示器移至0:00:00:00处，按【P】键显示位置属性并设置位置为"951.0,1165.0,-250.0"，开启关键帧，将时间指示器移至0:00:01:00处，设置位置为"951.0,575.0,-250.0"，制作从下至上的移动动画。

（4）新建"烟花上升"纯色图层并为其应用"Particular"效果，在"效果控件"面板的"发射器"栏中设置发射器类型为"光（线）"，单击灯光名右侧的 选择名称... 按钮，打开"Light Naming"对话框，在第一个文本框中输入"点光"文本，单击 OK 按钮，如图7-22所示。

（5）在"发射器"栏中设置粒子/秒为"800"、发射器大小为"XYZ独立"，设置发射器大小X为"0"，如图7-23所示，使粒子以较细的线条向上移动，再设置速率为"15"，上升效果如图7-24所示。

（6）展开"粒子"栏，设置大小为"2.0"、大小随机为"40.0%"、不透明度随机为"36.0%"、颜色为"#E93700"，如图7-25所示。

（7）分别展开"生命周期内的大小"和"生命周期内的不透明度"栏，单击 预设 按钮，选择"Linear Slope"选项，如图7-26所示，单击 应用 按钮，粒子效果如图7-27所示。再依次展开"环境""空气湍流"栏，设置影响位置为"80.0"，使点光上升后尾部的粒子产生扭曲效果。

图7-21　设置参数

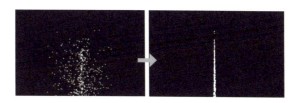

图7-22　为灯光命名

图7-23　设置发射器大小

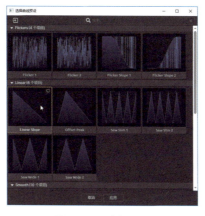

图7-24　上升效果

图7-25　设置粒子参数

图7-26　选择预设

图7-27　粒子效果

（8）依次展开"正在渲染""运动模糊"栏，设置运动模糊为"打开"、快门角度为"1000"，使尾部的粒子产生运动模糊的效果。

（9）为纯色图层在0:00:01:00和0:00:01:06处添加不透明度属性为"100%""0%"的关键帧，制作粒子上升后逐渐消失的动画。

7.3.2　模拟烟花炸开特效

先利用主系统控件制作爆炸特效，并添加重力效果使烟花爆炸后的粒子向下坠落，然后利用子系统控件模拟真实烟花炸开的线条样式，再利用"发光"效果加强烟花的层次感和亮度。具体操作如下。

（1）新建"烟花炸开"纯色合成，应用"Particular"效果，展开"发射器"

栏，设置发射器行为为"爆炸"、粒子为"500"、速率为"500"，效果如图7-28所示。

图7-28　粒子爆炸效果

（2）在"粒子"栏中设置生命周期（秒数）为"2.0"、大小为"2.0"、不透明度为"50.0"、不透明度随机为"50.0%"，在"环境"栏中设置重力为"60.0"。

（3）在"效果控件"面板中单击 设计器 按钮，打开"Trapcode Particular Design"对话框，在左下角的"系统"面板中单击"添加系统"按钮➕，将添加"系统2"系统，在右侧的"发射器"面板中单击"发射器类型"，在右上角的面板中设置发射器类型为"从父系统画线"，如图7-29所示。

（4）在下方的"粒子"面板中单击"粒子类型"，在右上角的面板中设置图7-30所示的参数；单击"不透明度"，设置图7-31所示的参数。

图7-29　设置发射器类型　　图7-30　设置粒子类型　　图7-31　设置不透明度

（5）单击"颜色"，在"设置颜色"下拉列表中选择"生命周期内/温度"选项，然后在下方的"颜色渐变"栏中从左至右依次设置颜色为"#FAFF67""#E36500""#EA2500"，如图7-32所示，烟花炸开特效如图7-33所示，单击 应用 按钮完成设置。

图7-32　设置颜色渐变　　　　图7-33　烟花炸开特效

（6）粒子前期过于密集，因此可以适当减少粒子数量。此时"效果控件"面板中显示的参数为"系统2"系统的参数，需要在"显示系统"栏中单击"主要系统"，然后在"发射器"栏中修改粒子为"150"。

（7）在"效果和预设"面板中搜索"发光"效果，双击"风格化"栏中的"发光"效果进行应用，在"效果控件"面板中设置发光基于为"颜色通道"、发光半径为"80.0"（用于调整"发光"效果的扩散范围），如图7-34所示，画面效果如图7-35所示。

图7-34　设置"发光效果"　　　　图7-35　画面效果

（8）在"时间轴"面板中向右拖曳"烟花炸开"图层，使其入点与0:00:01:00对齐，预览效果可发现炸开后的烟花会超出合成范围，不便于后续调整大小，因此可在"粒子"栏中修改生命周期（秒数）为"1.0"，单个烟花炸开特效如图7-36所示。

图7-36　单个烟花炸开特效

7.3.3　复制并调整烟花

复制多个烟花特效，依次调整入点、位置属性、缩放属性和色彩，使其间隔发射，增强烟花特效的动感和节奏感，并丰富画面的色彩。具体操作如下。

微课视频

复制并调整烟花

（1）新建名称为"烟花特效"、分辨率为1920像素×1080像素、帧速率为24帧/秒、持续时间为0:00:05:00的合成。

（2）拖曳"烟花"合成至"时间轴"面板，按5次【Ctrl+D】组合键复制该图层，然后适当调整入点和位置属性，参数参考如图7-37所示。再设置第4个和第5个图层的缩放属性分别为"60.0,60.0%""70.0,70.0%"。

（3）在"效果和预设"面板中搜索"色相/饱和度"效果，将该效果拖曳至除第1个图层外的所有图层，然后在"效果控件"面板中依次设置第2～6个图层的主色相为"0x+30°""0x+156°""0x+260°""0x-50°""0x-18°"，改变烟花的颜色。

（4）预览最终画面效果，如图7-38所示。按【Ctrl+S】组合键保存项目，并命名为"烟花特效"，再导出MP4格式的视频文件。

图7-37　调整入点和位置属性的参数

图7-38　最终画面效果

7.4 拓展训练

实训1　制作霓虹灯光效

实训要求

（1）为"风尚前沿"栏目标题制作霓虹灯光效，体现出该栏目的时尚感和潮流感，以吸引年轻受众的关注。

（2）分辨率为1920像素×1080像素，时长在6秒左右，导出为MP4格式的视频文件。

操作思路

（1）绘制圆角矩形框，应用"毛边"效果制作粗糙边缘，在其中添加"风尚前沿"文本，并为文本应用"彩色浮雕"效果。

（2）在圆角矩形框下方绘制3个圆，并分别在其中输入"第""1""期"文本。

（3）分别为形状图层和标题文本应用两次"发光"效果，并利用不同的发光半径制作出光效的层次感。

（4）利用修剪路径属性为圆角矩形框制作手绘的动态效果，利用不透明度属性为标题文本、圆形及其上方的文本制作渐显的动态效果，增强画面的视觉吸引力。

（5）绘制一个白色矩形条，设置混合模式为"叠加"，结合移动动画原理和遮罩功能为标题文本制作高光移动的效果，突出显示标题文本。

具体制作过程如图7-39所示。

效果预览

霓虹灯光效

①制作标题样式

②制作发光特效

③制作动态效果

图7-39 霓虹灯光效制作过程

实训要求

（1）为森林防火公益视频制作火焰特效。

（2）模拟真实的火焰形态，火焰流动效果自然、色彩逼真。

（3）分辨率为1920像素×1080像素，时长在6秒左右，导出为MP4格式的视频文件。

操作思路

（1）新建纯色图层，应用"梯度渐变"效果，制作从上往下由黑色到浅灰色的渐变效果。

（2）新建纯色图层，应用"分形杂色"效果，增大缩放高度属性，然后利用偏移（湍流）属性和演化属性制作动态效果，以模拟火焰流动效果。

（3）新建调整图层，应用"湍流置换"效果，使画面中的线条无规则地进行变化；应用"色阶"效果，加强色彩对比度；应用"色调分离"效果，减少颜色数量。

（4）为调整图层应用"三色调"效果，分别设置高光、中间调和阴影的颜色，以模拟火焰的颜色；最后应用"发光"效果使火焰更加逼真。

具体制作过程如图7-40所示。

效果预览

火焰特效

①模拟火焰流动效果

图7-40 火焰特效制作过程

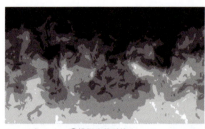
②模拟火焰形状

③调整火焰颜色

图7-40 火焰特效制作过程（续）

7.5 AI辅助设计

通义万相 **生成特效图像**

通义万相是阿里云通义系列的AI绘画创作大模型，可通过拆解和组合配色、布局、风格等图像设计元素，提供高度可控和自由度极高的图像生成效果，在特效制作中能够帮助制作人员拓展思维。通义万相主要有以下两种使用方式。

- **文本生成图像**。根据文字内容生成不同风格的图像，如水彩风、扁平风、二次元、油画、中国画、三维动画和素描等，为制作人员提供丰富的创作选择。
- **相似图像生成**。基于参考图像进行创意发散，生成内容和风格与参考图像相似的AI画作，有助于制作人员采集图像素材，实现创意的多样化。

例如，使用文本生成图像功能生成水花特效图像。

文本生成图像

使用方式：输入关键词+添加咒语+设置比例。

咒语书参数：风格、光线、材质、渲染、色彩、构图、视角。

关键词：水花特效，悬空，背景简洁，无杂物。

咒语：光线／自然光，色彩／柔和色彩。

比例：4∶3。

示例效果如下。

通义万相　生成特效视频

通义万相还提供视频生成功能，包括图生视频和文生视频两种方式，在特效制作方面，制作人员可以用图像或文本一键生成需要的特效视频素材。

- 图生视频。图生视频技术通过深度学习模型分析制作人员上传的图片，并将其转化为动态的视频内容。
- 文生视频。文生视频技术结合了自然语言处理和视频生成技术，能够对制作人员提供的文本内容进行语义分析，提取关键信息和情感色彩，然后生成视频。

例如，通过上传水花图像，或输入提示词生成一段水花溅开的特效视频。

图生视频

使用方式：上传图像+输入创意描述+设置灵感模式。

示例图像如下。

效果预览

特效视频 1

创意描述：水花溅开。

灵感模式：关闭。

示例效果如下。

文生视频

使用方式：输入提示词+设置比例。

提示词：水面上溅起水花，水花落回水面后形成一圈圈涟漪效果，
　　　　蓝色调，背景简洁。

比例：4∶3。

示例效果如下。

效果预览

特效视频2

拓展训练

　　请参考上面提供的通义万相的使用方法，选择合适的方式生成粒子光效视频，提升应用通义万相的能力。

7.6 课后练习

1. 填空题

（1）_____光效是在自然光效的基础上，通过艺术加工和创意构思实现的光影效果。

（2）_____通常是通过模拟大量微小粒子的运动来产生视觉效果的。

（3）若要利用"Paricular"效果为粒子增加重力效果，可以在_____栏中设置。

（4）使用通义万相生成特效视频的方式有_____和_____。

2. 选择题

（1）【单选】（　　）效果可以通过计算得到视频画面中对比较强的边缘部分，然后通过强调边缘来模拟手绘线条的效果。

　　A. 画笔描边　　　　　　B. 计算　　　　　　C. 查找边缘　　　　　　D. 彩色浮雕

（2）【单选】若要调整"发光"效果的扩散范围，需要调整（　　）参数。

　　A. 颜色循环　　　　　　B. 阈值　　　　　　C. 发光维度　　　　　　D. 发光半径

（3）【多选】"分形杂色"效果中的分形类型有（　　）。

A. 脏污 　　　　　 B. 岩石 　　　　　 C. 草地 　　　　　 D. 地形

（4）【多选】应用"Paricular"效果后，可以在"效果控件"面板中调整（　　）。

A. 发射器 　　　　 B. 粒子 　　　　　 C. 光线 　　　　　 D. 环境

3. 操作题

（1）为某科技产品的宣传广告制作一个流光特效，要求具有科技感，采用前卫的风格，参考效果如图7-41所示。

效果预览

流光特效

图7-41　流光特效的参考效果

（2）使用通义万相生成火焰特效，参考效果如图7-42所示。

效果预览

火焰特效

图7-42　火焰特效的参考效果

Ae

第　章

三维特效制作

随着图像处理技术的发展，三维成像、CG（Computer Graphic，计算机图形）建模技术等在影视作品中的应用越来越广泛，三维特效相关软件和配套工具更是层出不穷，在影视、广告、游戏等视觉媒体中都可以看到三维特效的身影。三维特效不仅是技术层面的革新成果，更是艺术创意与文化传播的重要载体，能够显著增强作品的视觉冲击力，为受众带来更好的视觉享受。

学习目标

▶ **知识目标**

◎ 熟悉三维特效的主要类型。
◎ 掌握三维特效的制作重点。

▶ **技能目标**

◎ 能够使用 After Effects 制作不同类型的三维特效。
◎ 能够借助 AI 工具生成三维视频和三维模型。

▶ **素养目标**

◎ 提高运用三维特效技术进行创意构思与表达的能力。
◎ 培养空间布局能力，合理安排画面各元素的位置、层次和关系，创造出和谐、美观的视觉效果。

学习引导

STEP 1　相关知识学习　　　　建议学时：　1　学时

课前预习
1. 扫码了解二维与三维世界，以及After Effects中的三维坐标轴，建立对三维世界的基本认识。
2. 搜索并欣赏三维特效案例，提升对三维特效的鉴赏能力与创新能力。

课前预习

课堂讲解
1. 三维特效的主要类型。
2. 三维特效的制作要点。

重点难点
1. 学习重点：不同类型的三维特效的特点。
2. 学习难点：透视原理、光照原理。

STEP 2　案例实践操作　　　　建议学时：　3　学时

实战案例
1. 制作三维小球动画特效。
2. 制作水墨风三维场景特效。
3. 制作三维文本特效。

操作要点
1. 三维图层的基本属性、三维图层的基本操作、灯光。
2. 摄像机及其基本操作。
3. 三维文本动画预设、Cinema 4D 渲染器。

案例欣赏

STEP 3　技能巩固与提升　　　　建议学时：　2　学时

拓展训练
1. 制作诗词展示三维特效。
2. 制作硬币旋转三维动画。

AI 辅助设计
1. 使用有言生成三维视频。
2. 使用Meshy生成三维模型。

课后练习　通过填空题、选择题和操作题巩固理论知识，提升实操能力。

8.1 行业知识：三维特效制作基础

三维特效是指利用计算机图形图像技术，在虚拟的三维空间中模拟真实世界的物理属性，使虚拟空间中的内容看起来栩栩如生。在影视后期领域，三维特效可以弥补影视作品实景拍摄的不足，将虚构的场景和元素融入作品，从而给受众带来更新颖的视觉体验。

8.1.1 三维特效的主要类型

随着科技的不断发展，三维特效的类型愈发多样，不同类型的三维特效可以为受众带来不同的视觉体验。

- **三维场景特效**。三维场景特效主要用于创建虚拟的三维环境，以替代或补充实际拍摄的场景内容，如图8-1所示。这类特效能够构建出无法在现实世界中真正实现的场景，如奇幻世界、未来城市等。

图8-1　三维场景特效

- **三维动画特效**。三维动画特效是指在x、y、z轴构成的三维空间中创建的具有动态效果的元素，可以呈现出上下、左右、前后多维度的动态变化，这类特效通常用于增强电影、电视、栏目等媒体内容的动态视觉效果，如图8-2所示。

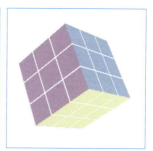

图8-2　三维动画特效

- **三维文本特效**。三维文本特效通过对文本进行三维建模和光影处理，创造出具有空间感和视觉冲击力的立体字效果，如图8-3所示。这类特效能够提升影视作品中文本元素的吸引力，使重要的文本信息更加突出。

图8-3　三维文本特效

8.1.2　三维特效的制作要点

在制作三维特效时，要把握制作要点的核心内容，创造出既具有视觉冲击力又具有真实感的三维特效。

- **熟悉三维坐标系统**。三维坐标系统是三维特效制作中的基础概念，它决定了物体在场景中的位置和方向，其中坐标原点是场景中所有物体的参考点，x、y、z 3个坐标轴分别代表物体的左右、上下和前后方向。通过调整物体在这3个坐标轴上的位置，可以精确地控制物体在三维空间中的布局，制作出具有层次感的三维特效。

- **了解透视原理**。在三维世界中，由于存在透视原理，场景中物体的远近关系和大小比例是营造空间感和深度感的重要因素。距离观察者越近的物体在视觉上显得越大，而距离观察者越远的物体则显得越小。透视也会影响光影效果，当物体远离光源时，阴影看起来会很长。因此在制作三维特效时，制作人员可以通过调整物体的大小，或设置其在z轴方向上的位置来强化空间感。

- **了解光照原理**。在三维特效制作中，光照原理是模拟真实世界光线与物体相互作用的核心机制。常见的光源有点光源、平行光源和聚光灯等，能分别产生不同的照明效果和投影。点光源会向所有方向发射光线，产生柔和且集中的投影；平行光源可模拟太阳光等远距离光源的照明效果，形成清晰、方向一致的投影；而聚光灯则是从一个点发出光线，被一个锥形区域限制，形成有方向性的光束，能够照亮特定区域，产生明显、锐利且中心亮度高的投影。此外，光照强度、光源与物体之间的距离决定了物体表面的亮度，光的颜色也会影响物体呈现出的颜色和环境氛围。

- **灵活切换视角**。视角（观察者相对于被观察物体的位置和方向）决定了所看到的物体的形状、大小、空间深度等。因此，制作人员在制作三维特效时，可以通过灵活切换视角来全面把握场景的空间布局和物体的位置关系，确保各个元素之间的比例、距离和透视关系准确无误。

设计大讲堂

艺术源于生活，三维特效也不例外。制作人员应培养对周围世界的敏锐观察力，如物理运动、光影变化、材质表现等，从中学习相关的知识，从而巧妙地运用相关技术，准确地在虚拟世界中模拟真实世界的物理现象，使三维特效更加细腻、逼真。

8.2 实战案例：制作三维小球动画特效

案例背景

为了提升受众的观看体验，某栏目决定在栏目包装加载画面中添加一个引人注目的三维小球动画特效，具体要求如下。

（1）动画特效自然、流畅，能够带给观众强烈的视觉冲击力并吸引受众的注意力。

（2）分辨率为1920像素×1080像素，时长在5秒左右，导出为MP4格式的视频文件。

设计思路

以4个大球为主体，制作大球在前后方向和左右方向上变化的旋转动画；使用相同的形式在大球四角制作4个小球的三维旋转动画，与大球动画形成45°的夹角；为大球添加跟随旋转的矩形条，加强特效的立体感。

本例的参考效果如图8-4所示。

效果预览

三维小球动画
特效

图8-4　三维小球动画特效的参考效果

操作要点

操作要点详解

（1）结合位置属性制作球体的二维动画，利用缓动关键帧优化动画效果。

（2）利用三维图层的位置属性和旋转属性制作球体和矩形条的三维动画。

（3）利用聚光灯制作阴影效果。

8.2.1　制作二维动画

微课视频

制作二维动画

先利用位置属性的关键帧为球体制作上下和左右移动的效果，并设置缓动效果，调整动画的播放速度，使其更加自然，再复制并缩小、旋转动画，丰富画面的视觉效果。具体操作如下。

（1）新建项目，再新建一个名称为"三维小球动画特效"、分辨率为1000像素×1000像素、帧速率为24帧/秒、持续时间为0:00:04:01（便于在0:00:04:00处添加关键帧，使前后动画时长相等）、背景颜色为#FFFFFF的合成。

（2）选择"椭圆工具" ●，设置填充为"#77CAFF"，取消描边，在画面中绘制一个小圆，设置图层名称为"蓝色"。

（3）复制3次"蓝色"图层，对于复制得到的3个图层，分别调整填充为"#FDAC8E"
"#73FF76""#E29EFB"，修改图层名称为"橙色""绿色""紫色"，然后适当调整位置属性，
参考参数如图8-5所示，画面效果如图8-6所示。

（4）选择"蓝色""紫色"图层，按【P】键显示位置属性，先在0:00:00:00和0:00:04:00
处添加关键帧，然后在0:00:02:00处分别设置"蓝色""紫色"图层的位置为"500,200"
"500,800"，制作出两个球交换位置后又回到原处的动画效果。

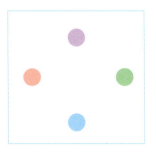

图8-5　参考参数　　　　　　　　　图8-6　画面效果

（5）选择"绿色""橙色"图层，按【P】键显示位置属性，为了使这两个球与另外两
个球不在中心位置重叠，需要在0:00:01:00处添加关键帧，在0:00:03:00处分别设置"绿
色""橙色"图层的位置为"200,500""800,500"。

（6）由于"绿色""橙色"图层需要在0:00:00:00、0:00:02:00和0:00:04:00时移动
到中心位置，因此设置这3个时间点的位置均为"500,500"，如图8-7所示。

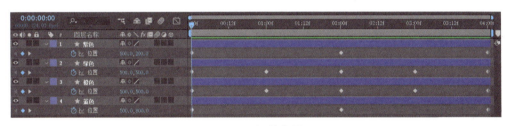

图8-7　调整位置

（7）选择所有关键帧，按【F9】键添加缓动效果，使动画速度产生变化。预览球体的动
画效果，如图8-8所示，将所有图层预合成为"大球"预合成。

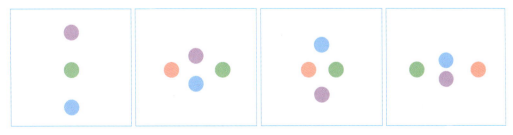

图8-8　球体的动画效果

（8）在"项目"面板中复制"大球"预合成，修改复制得到的预合成的名称为"小球"。
双击打开该合成，选择所有图层，按【S】键显示缩放属性，设置缩放为"30.0,30.0%"。

（9）将"小球"预合成拖曳至总合成底部，按【R】键显示旋转属性，设置旋转为"0x+45°"，预览大球和小球的动画效果，如图8-9所示。

图8-9　大球和小球的动画效果

8.2.2 制作三维动画特效

在三维空间中，球体存在近大远小的视觉现象和前后遮挡关系，因此可通过调整z轴的位置参数来制作三维动画特效；添加矩形条连接球体后，结合大球的变化可以增强整体的视觉冲击力。具体操作如下。

制作三维动画特效

（1）切换到"大球"预合成，选择所有图层，单击任意一个图层的"3D图层"开关 下对应的 图标，使其变为 图标，将二维图层转换为三维图层。

（2）隐藏"绿色""橙色"图层，选择"蓝色""紫色"图层，按【P】键显示位置属性，可发现位置属性已增加z轴的参数，如图8-10所示。

（3）将时间指示器移至0:00:01:00处，此时若紫色球遮挡了蓝色球，则需设置"紫色"图层z轴的位置参数为"-800.0"、"蓝色"图层z轴的位置参数为"800.0"；将时间指示器移至0:00:03:00处，此时是蓝色球遮挡了紫色球，因此需设置"紫色"图层z轴的位置参数为"800.0"、"蓝色"图层z轴的位置参数为"-800.0"，动画效果如图8-11所示。

图8-10　查看位置属性

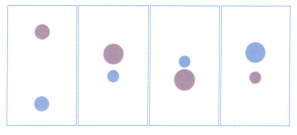

图8-11　大球的三维动画效果

（4）显示所有图层，选择"绿色""橙色"图层，按【P】键显示位置属性，在0:00:00:00、0:00:02:00、0:00:04:00处分别设置"绿色""橙色"图层z轴的位置参数为"800.0""-800.0""800.0"和"-800.0""800.0""-800.0"。

（5）切换到"小球"预合成，使用与步骤（1）～（4）相同的方法，将所有图层转换为三维图层，然后调整z轴的位置参数，此时所有球体的三维动画效果如图8-12所示。

（6）切换到"大球"预合成，按【Ctrl+R】组合键显示标尺，将鼠标指针移至上方标尺处，按住鼠标左键不放并向下拖曳鼠标，拖曳时可注意左侧的标尺数值，当拖曳至500时释放鼠标左键，在画面中心创建水平参考线。

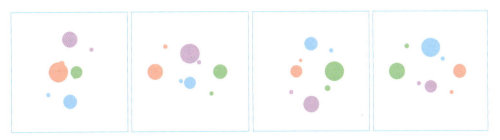

图8-12 所有球体的三维动画效果

（7）使用与步骤（6）相同的方法拖曳左侧的标尺，在画面中心创建垂直参考线，如图8-13所示。

（8）隐藏"绿色""橙色"图层，选择"矩形工具"■，设置填充色为"#E29EFB"，在紫色球下方绘制一个矩形条，命名为"紫色矩形"，复制该图层并重命名为"蓝色矩形"，修改填充色为"#77CAFF"，并移至蓝色球上方，如图8-14所示。

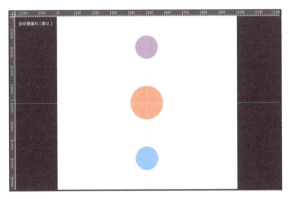 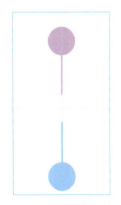

图8-13 创建参考线   图8-14 绘制矩形条

（9）使用"向后平移（锚点）工具"■将"紫色矩形""蓝色矩形"图层的锚点移至参考线的交点处，即画面中心，使这两个矩形条能够以该点为基点进行旋转。

（10）由于两个矩形条跟随对应颜色的球体进行旋转，即在x轴方向进行旋转，因此可利用x轴旋转属性制作三维动画。在时间轴起始处展开"紫色矩形""蓝色矩形"图层的"变换"栏，添加x轴旋转属性的关键帧，将时间指示器移至0:00:04:00处，此时矩形条正好旋转一周，设置x轴旋转为"1x+0°"，效果如图8-15所示。

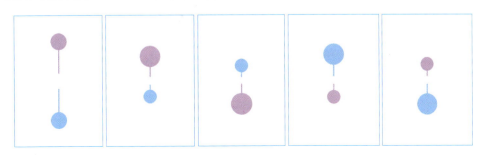

图8-15 矩形条的三维动画效果

（11）显示所有图层，将时间指示器移至0:00:01:00处，使绿色和橙色的球体位于画面两侧，使用与步骤（8）和（9）相同的方法，先为左右两侧的球体绘制对应颜色的矩形条并重命名为"绿色矩形""橙色矩形"，再修改锚点位置至画面中心。

（12）由于绿色和橙色矩形条在y轴方向进行旋转，且在起始处正好旋转到-90°的位置，因此可展开"绿色矩形""橙色矩形"图层的"变换"栏，分别在0:00:00:00和0:00:04:00处为y轴旋转属性添加值为"0x-90°""0x+270°"的关键帧，效果如图8-16所示。

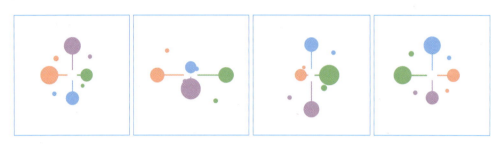

图8-16　绿色、橙色矩形条的三维动画效果

8.2.3　添加灯光

此时动画特效的立体感还不够明显，因此可利用聚光灯照亮部分区域，使小球和矩形条的表面在未被灯光照射时出现阴影。具体操作如下。

微课视频

添加灯光

（1）切换到"三维小球动画特效"合成，在"时间轴"面板中单击鼠标右键，在弹出的快捷菜单中选择【新建】/【灯光】命令，打开"灯光设置"对话框，设置灯光类型为"聚光"、强度为"90%"、锥形角度为"80°"，然后单击 确定 按钮。

（2）在"合成"面板右下角的最后一个下拉列表中选择"4个视图"选项，然后在4个视图中调整聚光灯及其目标点的位置，如图8-17所示。

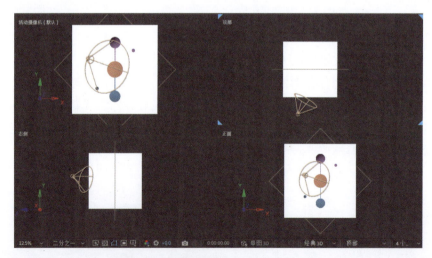

图8-17　调整聚光灯及其目标点的位置

（3）预览最终画面效果，如图8-18所示。按【Ctrl+S】组合键保存项目，并命名为"三维小球动画特效"，再导出MP4格式的视频文件。

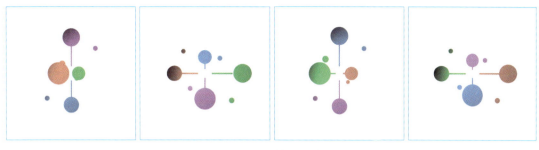

图8-18 最终画面效果

8.3 实战案例：制作水墨风三维场景特效

案例背景

为增进公众对国画艺术的了解，某艺术机构准备制作一个国画科普短视频，现需要在片头处添加一段水墨风格的三维场景特效，具体要求如下。

（1）特效能呈现水墨画的意境和美感，特效具有真实感。

（2）分辨率为1920像素×1080像素，时长在5秒左右，导出为MP4格式的视频文件。

设计思路

利用多个山、云素材搭建水墨风格的三维场景，各元素具有一定的前后间隔，形成错落有致的效果；为云设计在山间流动的动画效果；特效画面从近景逐渐变为远景，呈现出更加丰富的空间层次。

本例的参考效果如图8-19所示。

效果预览

水墨风三维场景特效

图8-19 水墨风三维场景特效的参考效果

操作要点

（1）利用三维图层属性中的z轴参数构建三维场景，利用不同视图调整场景元素位置。

（2）利用位置属性为云层制作移动动画，并利用缓动关键帧优化动画效果。

（3）利用空对象控制摄像机位置，以调整画面的变化。

操作要点详解

8.3.1　构建三维场景

先添加多个山素材，并适当放大素材，然后调整其位置，制作出重岩叠嶂的效果。再在山前添加多个云素材，让三维场景具有层次感。具体操作如下。

（1）新建项目，再新建一个名称为"水墨风三维场景特效"、分辨率为1920像素×1080像素、帧速率为25帧/秒、持续时间为0:00:05:00的合成，导入所有素材，并分类管理山素材和云素材。

（2）新建一个名为"白色背景"的白色纯色图层，拖曳所有山素材至"时间轴"面板，并拖曳两次"山3.png"素材到"时间轴"面板中。

（3）依次设置4个山图层的缩放为"382.2,382.2%""234.7,234.7%""654.0,654.0%""654.0,654.0%"。

（4）将所有山图层转换为三维图层，在"合成"面板右下角的最后一个下拉列表中选择"2个视图"选项，在两个视图中调整每个素材的位置，如图8-20所示，位置参数如图8-21所示。

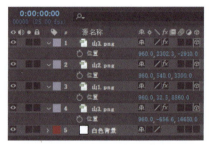

图8-20　调整山素材的位置　　　　　　图8-21　山素材的位置参数

（5）拖曳所有云素材至"时间轴"面板，依次设置5个云图层的缩放为"49.0,49.0%""82.3,82.3%""82.3,82.3%""224.2,224.2%""224.2,224.2%"。

（6）将所有云图层转换为三维图层，在两个视图中调整每个素材的位置，为了便于区别云图层和山图层，可以单击云图层前的色块，在弹出的下拉列表中选择"黄色"选项，调整效果如图8-22所示，位置参数如图8-23所示。

图8-22　调整云素材的位置　　　　　　图8-23　云素材的位置参数

8.3.2　制作云层动画

微课视频

制作云层动画

为云层制作在山间流动的动画，再利用缓动关键帧调整动画速度，使其更加自然地融入画面。在前期的近景镜头中，流动的云层还可以与静止的山石形成对比，增强画面的视觉冲击力。具体操作如下。

（1）选择所有云图层，按【P】键显示位置属性，先在0:00:01:00处为该属性添加关键帧，然后将时间指示器移至0:00:00:00处，再在"合成"面板中将云层向两侧移动，如图8-24所示，参考参数如图8-25所示。

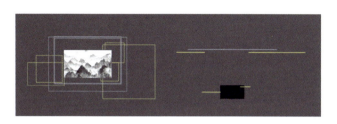

图8-24　调整云素材的位置

图8-25　参考参数

（2）选择所有关键帧，按【F9】键添加缓动效果，使动画速度产生变化。预览云层动画效果，如图8-26所示。

图8-26　云层动画效果

8.3.3　制作摄像机动画

微课视频

制作摄像机动画

结合摄像机和空对象制作从近景到远景的过渡，让三维场景呈现出更加丰富的空间层次，受众也可以感受到画面中的远近、高低、深浅等空间变化，仿佛置身于真实的国画之中。具体操作如下。

（1）在"时间轴"面板中单击鼠标右键，在弹出的快捷菜单中选择【新建】/【摄像机】命令，打开"摄像机设置"对话框，设置类型为"双节点摄像机"，其他参数保持默认设置，如图8-27所示，单击　确定　按钮。

（2）新建空对象图层，将该图层转换为三维图层，再将该图层设置为摄像机图层的父级图层，如图8-28所示。

（3）选择空对象图层，按【P】键显示位置属性，由于当前摄像机的动画效果是从画面后方逐渐移动到画面前方，因此只需要设置z轴的位置参数。为位置属性开启关键帧，分别在0:00:00:17、0:00:01:22、0:00:03:17和0:00:04:10处设置z轴的位置参数为"11216.0"

"1885.0""0.0""-11130.0"。

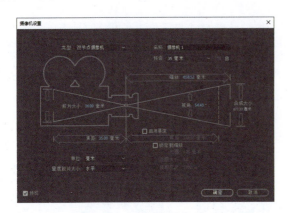

图8-27　新建摄像机

图8-28　设置父级图层

（4）打开图表编辑器，使用"转换'顶点'工具" ▧ 调整图表，优化动画效果，参考效果如图8-29所示。

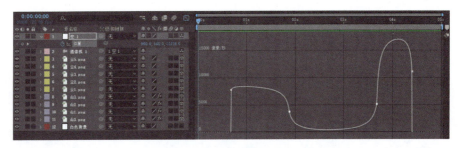

图8-29　图表参考效果

（5）预览最终画面效果，发现效果不理想，为所有"山"素材图层应用"动态拼贴"效果，如图8-30所示。按【Ctrl+S】组合键保存项目，并命名为"水墨风三维场景特效"，再导出MP4格式的视频文件。

图8-30　最终画面效果

8.4　实战案例：制作三维文本特效

案例背景

某文化教育栏目旨在深入挖掘与传播我国传统文化的精髓与魅力，为加强栏目包装的吸引力，准备以"传统文化"为关键词制作一个三维文本特效，并将其运用到栏目包装中，具体要求如下。

（1）设计新颖独特，区别于传统的文本效果，文本变化自然，起到吸引受众注意力的作用。

（2）分辨率为1920像素×1080像素，时长在6秒左右，导出为MP4格式的视频文件。

💡 设计思路

效果预览

三维文本
特效

文本在画面中随着单个字符的自转不断显现，然后将画面切换到具有立体感的倾斜视角来展示全部文本，再利用厚度使每个文本逐一增高，起到强调关键词的作用，最后利用背景和灯光加强立体效果。

本例的参考效果如图8-31所示。

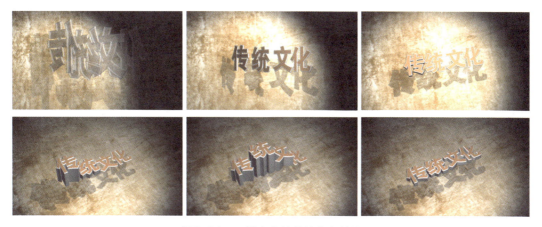

图8-31　三维文本特效的参考效果

🖱 操作要点

操作要点详解

（1）利用三维文本动画预设为文本制作渐显动画。

（2）利用空对象的方向属性控制文本的倾斜角度，制作文本翻转动画。

（3）利用Cinema 4D 渲染器调整文本的凸出效果并制作特效。

（4）利用背景制作三维文本的投影效果，利用聚光灯制作照射动画，利用环境光增强画面整体亮度。

8.4.1 制作三维文本渐显动画

微课视频

制作三维文本渐显
动画

在画面中输入关键词文本，将文本图层转换为三维图层，然后直接使用三维文本动画预设制作出具有立体感的渐显动画。具体操作如下。

（1）新建项目，再新建一个名称为"片头三维文本特效"、分辨率为1920像素×1080像素、帧速率为24帧/秒、持续时间为0：00：06：00的合成。

（2）使用"横排文字工具" 🇹 在画面中依次输入"传""统""文""化"文本，在"字符"面板中设置图8-32所示的参数，文本效果如图8-33所示。

图8-32　设置文本样式

图8-33　文本效果

（3）将所有文本图层转换为三维图层，依次展开"效果和预设"面板的"动画预设""Text""3D Text"栏，拖曳"3D 下飞和展开"预设至所有文本图层进行应用，三维文本渐显动画效果如图8-34所示。

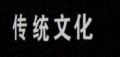

图8-34　三维文本渐显动画效果

8.4.2　制作三维文本翻转动画

制作三维文本翻转动画

在调整三维文本的展示视角时，由于旋转属性使元素围绕本地轴（以图层为基准的坐标轴）旋转，而方向属性可以使元素围绕世界轴（以合成为基准的坐标轴）旋转，因此可以利用空对象的方向属性来控制所有图层的翻转效果，使图层围绕世界轴旋转。具体操作如下。

（1）新建空对象图层，将该图层转换为三维图层，再将该图层设置为所有文本图层的父级图层，如图8-35所示。

（2）将时间指示器移至0:00:02:00处，展开空对象图层，开启方向属性的关键帧，然后将时间指示器移至0:00:03:00处，设置方向为"315.0°，0.0°，330.0°"，如图8-36所示，三维文本翻转动画效果如图8-37所示。

图8-35　设置父级图层

图8-36　设置方向属性的关键帧

图8-37　三维文本翻转动画效果

8.4.3 制作三维文本凸出特效

微课视频

制作三维文本凸出
特效

先利用动画制作工具为文本的正面添加色彩，以突出显示文本，然后利用凸出深度属性为文本添加厚度并制作动画，增强画面的动态感，再结合位置属性优化文本凸出的动画效果。具体操作如下。

（1）展开"传"文本图层，单击"文本"栏右侧的"动画"按钮，在弹出的下拉菜单中选择【前面】/【颜色】/【RGB】命令，如图8-38所示，然后在下方出现的"动画制作工具1"栏中设置正面颜色为"#CC915E"。

（2）在"传"文本图层下方的"几何选项"栏中设置斜面样式为"凸面"，斜面深度为"6.0"，凸出深度为"40.0"。由于After Effects中的默认渲染器是"经典3D"，因此看不到凸出效果，此时需要在"合成"面板右下角的倒数第3个下拉列表中选择"Cinema 4D"选项，文本凸出效果如图8-39所示。

图8-38　选择命令　　　　　　　　　图8-39　文本凸出效果

（3）将时间指示器移至0:00:04:00处，开启"几何选项"栏中的凸出深度属性关键帧，在0:00:02:00和0:00:03:00处分别添加凸出深度为"0.0""260.0"的关键帧。

（4）复制"传"文本图层的"动画制作工具1"栏和"几何选项"栏到其他3个文本图层中，三维文本凸出的动画效果如图8-40所示。

图8-40　三维文本凸出的动画效果

（5）由于文字是向下延伸的，效果不太自然，因此可以通过调整文本图层的位置属性进行优化。将时间指示器移至0:00:02:00处，选择"传"文本图层，按【P】键显示位置属性，开启关键帧，然后按【U】键显示所有关键帧，根据凸出深度属性调整z轴的位置参数，因此在0:00:03:00和0:00:04:00处分别设置z轴的位置参数为"-300.0""-80.0"，如图8-41所示。

图8-41　调整位置参数

（6）使用与步骤（5）相同的方法为其他图层添加位置属性的关键帧，然后统一调整位置属性和凸出深度属性关键帧的位置，使单个文本依次向上凸出，关键帧参考位置如图8-42所示，画面效果如图8-43所示。

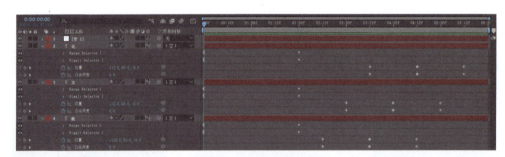

图8-42　关键帧参考位置

图8-43　画面效果

8.4.4　添加背景和灯光

此时画面较为单调，可添加背景画面，并制作文本的投影效果，然后添加聚光灯增强文本的显示效果，添加环境光调整画面整体的亮度。具体操作如下。

（1）拖曳"背景.png"素材至"时间轴"面板底层，将其转换为三维图层，设置缩放为"420.0,420.0,420.0%"，为了与文本之间产生距离，可设置z轴的位置参数为"500.0"。再设置该图层的父级图层为空对象图层，背景效果如图8-44所示。

微课视频

添加背景和灯光

图8-44　背景效果

（2）在"时间轴"面板中单击鼠标右键，在弹出的快捷菜单中选择【新建】/【灯光】命令，打开"灯光设置"对话框，设置灯光类型为"聚光"、强度为"120%"、锥形角度为"80°"，选中"投影"复选框，设置阴影深度为"30%"，然后单击 确定 按钮。

（3）将时间指示器移至最后一帧，展开"聚光 1"图层，设置图8-45所示的参数。此时文本投影效果还未显示，需要展开所有文本图层和"背景.png"图层的"材质选项"栏，单击投影属性右侧的 图标，使其变为 图标，文本投影效果如图8-46所示。

（4）此时画面偏暗，可以添加一个强度为"30%"的白色环境光，效果如图8-47所示。

图8-45　调整聚光灯参数　　　　图8-46　文本投影效果　　　　图8-47　添加白色环境光

（5）在0:00:03:00处为"聚光 1"图层的目标点属性添加关键帧，再在0:00:00:00处设置目标点为"570.8,186.0,-535.0"，预览最终画面效果，如图8-48所示。按【Ctrl+S】组合键保存项目，并命名为"三维文本特效"，再导出MP4格式的视频文件。

图8-48　最终画面效果

8.5 拓展训练

实训1　制作诗词展示三维特效

实训要求

（1）为某文化栏目制作一个展示诗词的三维特效，作为开场时的背景。

（2）分辨率为1920像素×1080像素，时长在8秒左右，导出为MP4格式的视频文件。

操作思路

（1）新建纯色图层，添加"星光.mp4"素材，修改混合模式使其与背景相融合。

（2）输入多个诗词文本，新建双节点摄像机并开启景深效果。

（3）选择"2个视图"选项，分别将左右两个视图设置为"活动摄像机（摄像机1）"和"顶部"，在两个视图中根据摄像机的拍摄区域调整文本的位置，使文本具有层次感。

（4）选择所有文本图层，利用位置属性关键帧制作向左移动的动画效果。

效果预览

诗词展示三维特效

（5）新建点光并调整其位置，使其能够照亮位于中间区域的诗句，起到突出显示的作用。

（6）调整摄像机设置中的焦距、光圈、模糊层次等参数，调整画面的景深效果。

具体制作过程如图8-49所示。

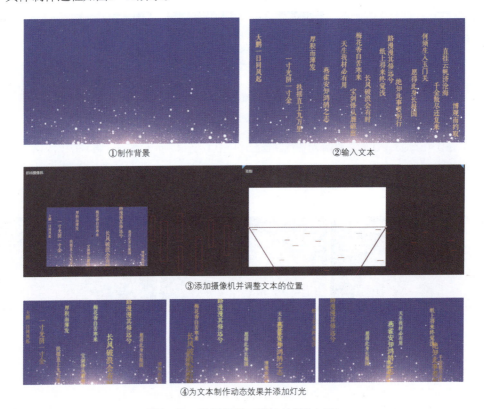

①制作背景   ②输入文本

③添加摄像机并调整文本的位置

④为文本制作动态效果并添加灯光

图8-49   诗词展示三维特效制作过程

实训2   制作硬币旋转三维动画

实训要求

（1）为某综艺栏目制作一个硬币旋转三维动画。

（2）硬币应具有一定厚度，旋转效果逼真，色彩明亮。

（3）分辨率为1920像素×1080像素，时长在4秒左右，导出为MP4格式的视频文件。

操作思路

（1）新建纯色图层作为背景，绘制一个无描边的圆。复制圆并将复制得到的圆适当放大，取消填充，再添加描边效果作为硬币边缘。

（2）输入文本"1"，将其移至硬币中心位置。

（3）依次将除背景外的3个图层设置为三维图层，先将3个图层在y轴上旋转一定角度，以便观察，然后在"几何选项"栏中调整凸出深度属性，增加硬币的厚度，再修改渲染器为"Cinema 4D"。

（4）在合成的起始处和结尾处，分别为除背景外3个图层的Y轴旋转属性添加关键帧，并适当修改参数，制作旋转动画。

（5）新建聚光灯，为硬币表面增添光影效果；再新建环境光，增强画面整体的亮度。

效果预览

硬币旋转三维动画

具体制作过程如图8-50所示。

①制作平面硬币　　②制作立体硬币

③制作旋转动画并添加灯光

图8-50　硬币旋转三维动画制作过程

8.6 AI辅助设计

有言　生成三维视频

有言是一个一站式视频创作平台，由魔珐科技推出，该企业在三维数字人技术领域拥有深厚的积累，这使得有言平台能够为制作人员提供高质量的3D视频创作服务。有言主要有以下3

个核心功能。

- **文生三维视频**。用户输入文本内容，平台将基于AIGC技术一键生成与文本对应的三维视频。
- **超写实三维数字人角色**。用户可以根据需求选择合适的角色，并自定义编辑角色，以满足个性化需求。
- **AIGC个性化造人**。用户可以根据自己的喜好和需求，个性化地创造属于自己的三维数字人角色。

在影视后期领域，制作人员可以快速生成具有三维效果的视频。例如，使用有言生成一段茶叶知识宣讲员自我介绍的三维视频。

文生视频

使用方式：设置参数后预览并导出。

参数：场景、人物、人物发型、镜头、音色、动作风格、文本等。

场景：青松流水茶馆门厅。

人物：知花。

人物发型：温婉中式盘发。

镜头：中景—正面—缓拉。

音色：通用讲解女声。

动作风格：讲述者。

文本：亲爱的观众朋友们，大家好！我是今天的知识分享宣讲员，非常荣幸能在这里与大家分享一些关于茶叶的知识。

示例效果如下。

效果预览

茶叶知识宣讲员

Meshy 生成三维模型

Meshy是一个基于AI技术的在线三维内容生成平台，专注于提供快速、直观的三维建模服务，旨在简化三维内容制作方式，让每个人都能轻松创建三维模型，无须具备丰富的建模经验。在影视后期领域，制作人员可以使用Meshy快速生成三维模型（用于视频制作）。例如，使用Meshy生成小狗的三维模型。

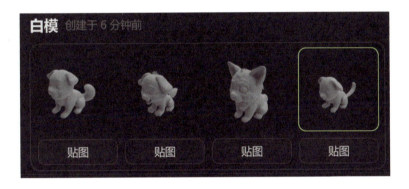

文生模型

使用方式：输入描述文本+设置参数。

参数：艺术风格、多边形数量、拓扑、对称性。

描述文本：一只可爱的小狗，有大大的眼睛。

艺术风格：写实。

多边形数量：30K。

拓扑：四边面。

对称性：自动。

示例效果如下。

拓展训练

　　请参考上面提供的有言和Meshy的使用方法，生成介绍狐狸的三维视频以及狐狸的三维模型，提升对有言和Meshy的应用能力。

8.7　课后练习

1．填空题

（1）_____特效主要用于创建虚拟的三维环境，以替代或补充实际拍摄的场景内容。

（2）若要显示三维图层中的凸出效果，需要设置渲染器为_____。

（3）摄像机的类型有_____和_____。

（4）Meshy提供的艺术风格有_____、_____和_____。

2. 选择题

（1）【单选】若需要增加聚光灯的照射范围，可以修改（　　）参数。

A. 强度　　　　　　　B. 锥形角度　　　　　C. 锥形羽化　　　　　D. 衰减

（2）【单选】若要制作从前向后旋转的三维动画，需要为（　　）属性添加关键帧。

A. 方向　　　　　　　B. X轴旋转　　　　　　C. Y轴旋转　　　　　D. Z轴旋转

（3）【多选】将二维图层转换为三维图层后，（　　）属性中会增加z轴方向上的参数。

A. 锚点　　　　　　　B. 位置　　　　　　　C. 不透明度　　　　　D. 缩放

（4）【多选】After Effects中常见的渲染器有（　　）。

A. 经典3D　　　　　　B. 3ds max　　　　　　C. Cinema 4D　　　　　D. Maya

3. 操作题

（1）某幼儿栏目推出了一系列以"DIY手工产品知识"为主题的视频，现需制作一个三维盒子合上又展开的动画特效来展示如何自制盒子，要求盒子的6个面具有不同的色彩，画面具有立体感，参考效果如图8-51所示。

效果预览

三维盒子合上又展开动画特效

图8-51　三维盒子合上又展开动画特效的参考效果

（2）为宣传乡村振兴的影视作品的宣传标语制作一个三维文本特效，要求效果具有冲击力，能够吸引受众注意力并传达作品的核心主题，参考效果如图8-52所示。

效果预览

宣传标语三维文本特效

图8-52　宣传标语三维文本特效的参考效果

（3）使用Meshy生成一个水果模型，参考如图8-53所示。

图8-53　水果模型的参考效果

第 9 章

跟踪特效制作

跟踪特效的核心在于"跟踪",通过精确的数学计算和图像分析技术,跟踪特效能够在视频中实时追踪目标对象,从而确定其运动轨迹。在影视后期中灵活运用该技术,不仅可以丰富影视作品的视觉层次,提升其艺术表现力,还可以为影视作品带来新的创意形式。

学习目标

▶ **知识目标**

◎ 掌握跟踪特效的主要类型。
◎ 掌握跟踪特效的应用领域。

▶ **技能目标**

◎ 能够使用 After Effects 制作不同类型的跟踪特效。
◎ 能够借助 AI 工具制作贴纸跟踪特效。

▶ **素养目标**

◎ 勇于尝试新的创意和想法。
◎ 遵守与版权相关的法律法规,加强版权保护意识。

学习引导

STEP 1 相关知识学习   建议学时：___1___ 学时

课前预习	1. 扫码了解跟踪技术，建立对跟踪特效的基本认识。 2. 搜索并欣赏跟踪特效案例，提升审美与创新能力。
课堂讲解	1. 跟踪特效的主要类型。 2. 跟踪特效的应用领域。
重点难点	1. 学习重点：不同类型跟踪特效的特点。 2. 学习难点：如何选择合适的跟踪特效类型。

课前预习

STEP 2 案例实践操作   建议学时：___3___ 学时

实战案例	1. 制作动物介绍字幕跟踪特效。 2. 制作文本打码蒙版跟踪特效。 3. 制作电视剧片头跟踪摄像机特效。	操作要点	1. 跟踪运动。 2. 蒙版跟踪与字幕跟踪。 3. 跟踪摄像机。

案例欣赏	 

STEP 3 技能巩固与提升   建议学时：___2___ 学时

拓展训练	1. 制作栏目跟踪摄像机特效。 2. 制作Logo打码蒙版跟踪特效。 3. 制作人物介绍字幕跟踪特效。
AI 辅助设计	使用剪映制作贴纸跟踪特效。
课后练习	通过填空题、选择题和操作题巩固理论知识，提升实操能力。

9.1 行业知识：跟踪特效制作基础

随着跟踪技术的不断发展，跟踪特效在影视后期中的应用越来越广泛，如字幕跟踪、物体替换等，有效提升了影视作品的趣味性和艺术性。

9.1.1 跟踪特效的主要类型

不同类型的跟踪特效能够使影视作品产生不同的效果，目前常见的跟踪特效有以下3种。

● 字幕跟踪特效。字幕跟踪特效利用运动跟踪技术，将字幕与画面中特定元素的运动趋势相关联，当画面中的元素移动时，字幕也会随之移动，使字幕与画面元素同步变化，如图9-1所示，可以有效增强影视作品的视觉效果和提高信息传达的准确性。

图9-1　字幕跟踪特效

● 蒙版跟踪特效。蒙版跟踪特效通过创建跟踪蒙版来实现遮挡和动态效果。跟踪器会分析蒙版区域的变化，并生成蒙版路径的关键帧，实现蒙版的动态跟踪，以遮挡或突出画面中的某些元素。如图9-2所示，利用该特效为移动的老虎创建跟踪蒙版，使背景变模糊。

图9-2　蒙版跟踪特效

● 跟踪摄像机特效。跟踪摄像机特效是指模仿真实摄像机的运动轨迹，将其他元素与实拍画面融合的特效，可以提升画面的视觉表现力，增强受众的沉浸感。图9-3所示的画面为将实拍视频与静态图像相融合的效果。

图9-3　跟踪摄像机特效

9.1.2　跟踪特效的应用领域

不同类型的跟踪特效具有不同的特点，其适合的应用领域也有所不同。

● 字幕跟踪特效。字幕跟踪特效常应用于电影、电视剧、纪录片等影视作品中，适合展示对话、旁白、注释等信息。

● 蒙版跟踪特效。蒙版跟踪特效常应用于各种合成任务中，如去除画面中的瑕疵、替换背景、添加特效等，还可以用于创建复杂的动态效果，如局部模糊、颜色替换等。

● 跟踪摄像机特效。跟踪摄像机特效常应用于动作片、科幻片、动画片等影视作品中，适合将单独制作好的元素融入视频画面。

9.2　实战案例：制作动物介绍字幕跟踪特效

🔲 案例背景

某动物科普栏目近期计划推出一期介绍羊的相关知识的节目，使受众在欣赏画面的同时，能深入了解关于羊的知识，现需为画面添加字幕跟踪特效，具体要求如下。

（1）字幕跟踪特效应自然流畅，不干扰画面。

（2）分辨率为1920像素×1080像素，时长在6秒左右，导出为MP4格式的视频文件。

💡 设计思路

效果预览

动物介绍字幕
跟踪特效

为羊的科普字幕添加具有装饰效果的边框，制作边框和文本渐显的动画效果，并让科普字幕自然地跟随画面中的羊进行移动。

本例的参考效果如图9-4所示。

图9-4　动物介绍字幕跟踪特效的参考效果

操作要点

（1）使用跟踪运动功能跟踪羊的运动路径。

（2）利用关键帧和动画预设为字幕制作动态效果。

（3）利用跟踪运动功能将动态字幕与羊的运动路径相结合。

操作要点详解

9.2.1　设置跟踪点并跟踪路径

由于视频素材的画面色彩较为黯淡，因此可先利用"色阶"效果提升亮度；通过跟踪运动功能先为羊设置跟踪点，再分析所有帧中羊的运动路径。具体操作如下。

（1）新建项目，再新建一个名称为"羊"、分辨率为1920像素×1080像素、帧速率为25帧/秒、持续时间为0:00:06:00的合成。

（2）拖曳"羊.mp4"素材至"时间轴"面板，为其应用"色阶"效果，在"效果控件"面板中设置输入黑色、输入白色、灰度系数为"11.0""195.0""1.11"，画面的前后对比效果如图9-5所示。

微课视频

设置跟踪点并
跟踪路径

图9-5　画面的前后对比效果

（3）选择【窗口】/【跟踪器】命令，打开"跟踪器"面板，单击 跟踪运动 按钮，如图9-6所示，此时将自动在"图层"面板（该面板中显示的是源素材画面）中打开"羊.mp4"素材，同时画面中出现跟踪点，如图9-7所示。

图9-6　"跟踪器"面板

图9-7　跟踪点

（4）将鼠标指针移至跟踪点的搜索区域中（外层的矩形框区域内），当鼠标指针变为 形状时，拖曳鼠标，将跟踪点移至羊身上，如图9-8所示。

（5）将鼠标指针移至最外层矩形的任意顶点上，当鼠标指针变为 形状时，向外拖曳鼠标，加大搜索区域的范围，如图9-9所示。

图9-8　移动跟踪点　　　　　　　　　图9-9　加大搜索区域的范围

（6）在"跟踪器"面板中单击"向前分析"按钮 ，After Effects将自动根据跟踪点分析画面内容，分析结束后，可在"图层"面板中查看跟踪效果，如图9-10所示。

图9-10　跟踪效果

9.2.2　制作动态字幕

先在画面中输入羊的介绍字幕，然后利用圆和线条制作装饰边框，再结合关键帧和动画预设依次为边框和字幕制作渐显动画，增强字幕的趣味性和吸引力。具体操作如下。

（1）新建名称为"字幕"、分辨率为1400像素×1000像素、帧速率为25帧/秒、持续时间为0:00:06:00的合成。

（2）使用"横排文字工具" 在画面中创建一个文本框，输入"字幕.txt"素材中的文本内容，在"字符"面板中设置图9-11所示的样式，文本效果如图9-12所示。

（3）选择"椭圆工具" ，设置填充为"#FFFFFF"，取消描边，按住【Shift】键的同时拖曳鼠标，在文本左侧绘制一个小圆，然后修改图层名为"正圆"。

（4）选择"钢笔工具" ，取消填充，设置描边为"#FFFFFF"、描边宽度为"20像素"，先在圆位置处单击以创建锚点，然后沿着文本框的左上角、右上角、右下角和左下角创建锚点。修改图层名为"线条"，并将其移至"正圆"图层下方。

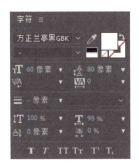

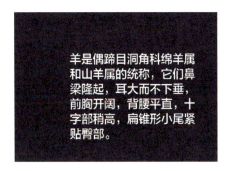

图9-11 设置文本样式　　　　　　　图9-12 文本效果

（5）依次展开"线条"图层的"形状 1""描边 1"栏，设置线段端点为"圆头端点"、线段连接为"圆角连接"，如图9-13所示，修改后的线条效果如图9-14所示。

图9-13 设置形状样式　　　　　　　图9-14 线条效果

（6）选择所有图层，选择【图层】/【图层样式】/【投影】命令，为所有图层应用该图层样式，并保持默认设置。为"正圆"图层在0:00:01:00和0:00:01:14处分别添加不透明度属性为"0%""100%"的关键帧，使其逐渐显示。

（7）展开"线条"图层，单击"添加"按钮 ，在弹出的下拉菜单中选择"修剪路径"命令，在0:00:01:14处设置"修剪路径 1"栏中的结束为"0%"，再在0:00:03:00处设置结束为"100%"。

（8）在"效果和预设"面板中依次展开"动画预设""Text""Animate In"栏，拖曳"淡化上升字符"动画预设至文本图层，动态字幕效果如图9-15所示。

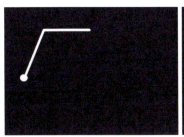

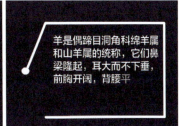

图9-15 动态字幕效果

9.2.3 制作跟踪特效

微课视频

制作跟踪特效

制作跟踪特效需先调整动态字幕的锚点，使其与羊的跟踪点几乎重合；再将跟踪点的运动路径应用到动态字幕中，使其与画面相融合。具体操作如下。

（1）切换至"羊"合成，拖曳"字幕"合成至"时间轴"面板顶层，将时间指示器移至最后一帧，先移动"字幕"合成的位置，使其中的圆与羊的中心位置对应，再使用"向后平移（锚点）工具" 将合成的锚点移至圆处，如图9-16所示。

图9-16 修改锚点位置

（2）在"时间轴"面板中双击"羊.mp4"素材进入"图层"面板，在"跟踪器"面板中单击 编辑目标 按钮，如图9-17所示，打开"运动目标"对话框，设置图层为"1.字幕"，如图9-18所示，单击 确定 按钮。

（3）打开"动态跟踪器应用选项"对话框，设置应用维度为"X和Y"，如图9-19所示，单击 确定 按钮，然后在"跟踪器"面板中单击 应用 按钮。

图9-17 选择编辑目标   图9-18 选择应用图层   图9-19 设置应用维度

（4）预览最终画面效果，如图9-20所示。按【Ctrl+S】组合键保存项目，并命名为"动物介绍字幕跟踪特效"，再导出MP4格式的视频文件。

图9-20 最终画面效果

9.3　实战案例：制作文本打码蒙版跟踪特效

案例背景

某短视频负责人近期在整理素材时，发现其中有一段视频出现了3个真实的企业名称，为了避免侵权，需要进行打码处理，具体要求如下。

（1）确保打码效果仅覆盖需遮挡的文本区域。

（2）分辨率为1280像素×720像素，时长在12秒左右，导出为MP4格式的视频文件。

设计思路

效果预览

文本打码蒙版
跟踪特效

使用蒙版将需要打码的区域单独抠取出来，并根据画面的变化自动改变蒙版形状，使其不影响画面中的其他内容，再为该区域制作打码特效。

本例的参考效果如图9-21所示。

图9-21　文本打码蒙版跟踪特效的参考效果

设计大讲堂

在影视作品中，可能会涉及一些个人隐私信息，也可能会出现一些受版权保护的内容，如音乐、图片、商标等。制作人员遇到这种情况时，可以通过打码的方式进行处理，有效地保护个人隐私，避免侵权，降低法律风险。

操作要点

操作要点详解

（1）利用"跟踪蒙版"命令跟踪画面中需要打码的区域。

（2）利用"马赛克"效果制作打码特效。

9.3.1　创建并跟踪蒙版

微课视频

创建并跟踪蒙版

复制3次视频素材，分别根据视频内容中需要打码的3个区域的时长，调整这些素材的入点和出点，节省软件跟踪时所需的时间，然后绘制对应形状的蒙版抠取出需要打码的区域，再进行跟踪处理。具体操作如下。

（1）新建项目，再新建一个名称为"文本打码蒙版跟踪特效"、分辨率为1280像素×720像素、帧速率为25帧/秒、持续时间为0：00：12：00的合成。

（2）拖曳"视频.mp4"素材至"时间轴"面板，按【Ctrl+D】组合键复制图层，并修改上层图层的名称为"打码"。

（3）使用"矩形工具" ▣ 在图9-22所示的位置创建一个矩形蒙版。观察画面效果，矩形蒙版所选区域大概在0:00:05:18处消失，因此可调整图层出点至该时间点。

（4）展开"打码"图层的"蒙版"栏，在"蒙版 1"栏上单击鼠标右键，在弹出的快捷菜单中选择"跟踪蒙版"命令，如图9-23所示。

图9-22　创建矩形蒙版

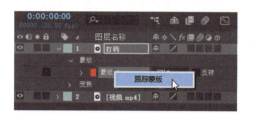

图9-23　选择"跟踪蒙版"命令

（5）此时将自动打开"跟踪器"面板，保持默认设置，即方法为"位置、缩放及旋转"，单击"向前跟踪所选蒙版"按钮 ▶，跟踪结束后，"时间轴"面板中将显示图9-24所示的跟踪蒙版的关键帧。

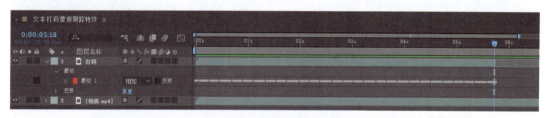

图9-24　跟踪蒙版的关键帧

（6）拖曳时间指示器预览蒙版的跟踪效果，在0:00:03:00处蒙版出现了偏移，导致文本不在蒙版内，需要在该时间点将蒙版下方的两个锚点适当向下移动，如图9-25所示，再重新单击"向前跟踪所选蒙版"按钮 ▶ 进行跟踪。

（7）预览跟踪效果，按照与步骤（6）相同的方法继续调整其他时间点的蒙版，如在0:00:03:22处调整蒙版为图9-26所示的形状，再重新进行跟踪。预览"打码"图层的蒙版跟踪效果，如图9-27所示。

图9-25　调整蒙版

图9-26　调整其他时间点的蒙版

图9-27 蒙版跟踪效果

（8）复制两次"视频.mp4"图层，将复制得到的图层分别命名为"打码2""打码3"，根据需要打码的内容修改入点和出点分别为"0:00:09:09～0:00:11:24""0:00:10:04～0:00:11:24"。

（9）使用与步骤（3）～（6）相同的方法为其他内容创建蒙版并进行跟踪，其他蒙版的跟踪效果如图9-28所示。

图9-28 其他蒙版的跟踪效果

9.3.2 制作马赛克特效

为抠取的画面应用"马赛克"效果，并适当调整参数优化打码特效。具体操作如下。

（1）在"效果和预设"面板中搜索"马赛克"效果，将该效果应用到"打码"图层中，在"效果控件"面板中设置水平块和垂直块均为"100"，如图9-29所示，前后对比效果如图9-30所示。预览画面效果，如图9-31所示。

图9-29 设置"马赛克"效果

图9-30 前后对比效果

图9-31 画面效果

（2）复制"马赛克"效果至"打码2""打码3"图层，预览最终画面效果，如图9-32所示。按【Ctrl+S】组合键保存项目，并命名为"文本打码蒙版跟踪特效"，再导出MP4格式的视频文件。

图9-32　最终画面效果

9.4　实战案例：制作电视剧片头跟踪摄像机特效

案例背景

《都市微光》是一部描绘现代都市生活，聚焦小人物奋斗历程的现实题材电视剧，目前，该电视剧进入后期制作阶段，需要为该电视剧设计一个片头，具体要求如下。

（1）利用跟踪摄像机功能制作主创人员名单融入都市背景的特效，效果要自然、准确，不要出现错位现象。

（2）分辨率为1920像素×1080像素，时长在24秒左右，导出为MP4格式的视频文件。

设计思路

根据视频画面的内容决定文本的显示位置，如在"视频1""视频2"的画面中，文本可展示在地面中，在"视频3"的画面中，文本可展示在建筑物表面，再利用跟踪摄像机功能使文本与画面融合得更加自然，最后为电视剧名设计一个具有三维效果的渐显动画。

本例参考效果如图9-33所示。

效果预览

电视剧片头跟踪
摄像机特效

图9-33　电视剧片头跟踪摄像机特效

操作要点详解

操作要点

（1）利用"3D摄像机跟踪器"命令分析画面，创建跟踪摄像机和实底图层。

（2）替换实底图层中的内容。

（3）利用三维图层属性为电视剧名制作渐显动画。

9.4.1 分析视频并创建跟踪图层

微课视频

分析视频并创建
跟踪图层

利用"3D摄像机跟踪器"命令分析视频画面，再根据分析所得的跟踪点，结合画面内容创建实底图层和摄像机。具体操作如下。

（1）新建项目，再新建一个名称为"影视剧片头跟踪摄像机特效"、分辨率为1920像素×1080像素、帧速率为25帧/秒、持续时间为0:00:24:00的合成，导入所有视频素材。

（2）拖曳"视频1.mp4"～"视频4.mp4"素材至"时间轴"面板，并按照视频名称的序号进行排列，调整视频素材的入点和出点位置。

（3）选择"视频1.mp4"图层，选择【效果】/【透视】/【3D摄像机跟踪器】命令，应用该效果后后台将自动进行分析，"合成"面板中的画面如图9-34所示，可在"效果控件"面板中查看分析进度，如图9-35所示。

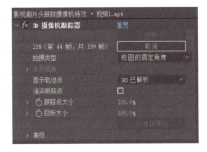

图9-34　分析视频画面　　　　　　　图9-35　查看分析进度

（4）在"效果控件"面板中选择"3D摄像机跟踪器"效果，画面中将显示所有的跟踪点，为便于选择跟踪点，可在"效果控件"面板中设置跟踪点大小为"200.0%"，效果如图9-36所示。

（5）将时间指示器移至0:00:04:00处，然后将鼠标指针移至画面左侧地面的跟踪点上方，按住【Shift】键不放单击以选中3个跟踪点，此时将生成一个红色圆圈，如图9-37所示。

图9-36　查看跟踪点　　　　　　　　图9-37　选择跟踪点

（6）在红色圆圈上单击鼠标右键，在弹出的快捷菜单中选择"创建实底和摄像机"命令，左侧地面上将出现一个矩形（跟踪实底），且"时间轴"面板中也会同步增加"3D跟踪器摄像机"和"跟踪实底 1"图层，如图9-38所示。

图9-38　选择"创建实底和摄像机"命令后的效果

（7）使用与步骤（3）相同的方法，为"视频2.mp4""视频3.mp4"图层应用"3D摄像机跟踪器"效果，分析其他视频素材后的跟踪点如图9-39所示。

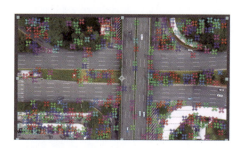

图9-39　分析其他视频素材后的跟踪点

（8）依次在"视频2.mp4"素材画面中的4个横向道路处创建实底和摄像机（单个视频的摄像机图层只有一个），在"视频3.mp4"素材画面中的右侧建筑表面创建实底和摄像机，并适当调整实底图层的位置属性和缩放属性，参考效果如图9-40所示。

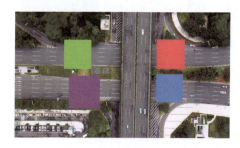

图9-40　为其他视频画面创建实底和摄像机

9.4.2　替换实底图层内容

微课视频

替换实底图层内容

为便于替换实底图层的内容，可以先将其预合成，然后修改预合成中的内容，再在总合成中调整替换内容的大小、位置等，使画面更加自然。具体操作如下。

（1）选择与"视频1.mp4"素材内容对应的"跟踪实底 1"图层，在其上单击鼠标右键，在弹出的快捷菜单中选择"预合成"命令，在打开的"预合成设置"对话框中设置新合成名称为"出品"，选中"保留'电视剧片头跟踪摄像机特效'中的所有属性"单选项和"打开新合成"复选框，单击 确定 按钮。

（2）使用"横排文字工具"  在画面中输入"出品：华笙影视"文本，在"字符"面板中设置图9-41所示的样式，应用"投影"图层样式并保持默认参数设置。

（3）切换到总合成，在"合成"面板中调整"出品"预合成的显示效果，可设置位置为"-513.8,303.8,4988.4"、缩放为"541.8,541.8,541.8%"、方向为"2.5°,8.6°,2.8°"，调整前后的对比效果如图9-42所示。

图9-41　设置文本样式

图9-42　调整前后的对比效果

（4）调整"出品"预合成的出点，使其与"视频1.mp4"素材的出点对齐。分别在0:00:01:00和0:00:02:00处为该合成添加不透明度属性为"0%""100%"的关键帧，使其逐渐出现，效果如图9-43所示。

图9-43　"出品"预合成的文本动画效果

（5）调整所有实底图层的入点和出点，使其与对应视频素材的入点和出点对齐。使用与步骤（1）相同的方法，依次将其他实底图层进行预合成，并重命名为"主创人员.txt"素材中相应的职务名。

（6）使用与步骤（2）相同的方法，在预合成中输入对应文本（"特邀主演"预合成中的文本竖排），并根据文本内容调整合成的宽度和高度，使文本在不改变大小的情况下完全显示，替换后的效果如图9-44所示，预览跟踪摄像机的效果，如图9-45所示。

图9-44　替换其他实底图层的内容

图9-45　跟踪摄像机的效果

9.4.3　制作电视剧名展现动画

微课视频

制作电视剧名展现动画

　　逐字输入电视剧名，利用三维图层属性为其制作三维文本特效，并使文本依次出现，加强视觉吸引力。具体操作如下。

　　（1）使用"横排文字工具" T 在画面中依次输入"都""市""微""光"文本，设置图9-46所示的文本样式，应用"投影"图层样式并保持默认参数设置，再适当调整文本的位置，效果如图9-47所示。

图9-46　设置文本样式

图9-47　电视剧名文本效果

　　（2）将"都""市""微""光"文本图层转换为三维图层，先调整入点至0：00：19：01处，在该时间点为不透明度属性和y轴旋转属性开启并添加关键帧，设置不透明度为"0%"，y轴旋转保持默认值。接着在0：00：20：01处设置不透明度为"100%"，在0：00：21：00处设置y轴旋转为"1x+0°"。

　　（3）调整"都""市""微""光"文本图层中关键帧的位置，如图9-48所示，使这些文本逐个出现。

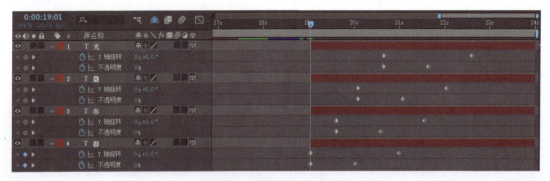

图9-48　调整关键帧的位置

（4）预览剧名展现效果，如图9-49所示。按【Ctrl+S】组合键保存项目，并命名为"电视剧片头跟踪摄像机特效"，再导出MP4格式的视频文件。

图9-49　剧名展现效果

9.5 拓展训练

实训1　制作栏目摄像机跟踪特效

实训要求

（1）为智慧城市宣传栏目制作摄像机跟踪特效，展现智慧城市的内涵和特点，让更多的人了解和参与到智慧城市的建设中来。

（2）分辨率为1920像素×1080像素，时长在20秒左右，导出为MP4格式的视频文件。

操作思路

（1）添加视频和音频素材，调整这些素材所在图层的入点、出点和伸缩，利用"3D摄像机跟踪器"命令分析所有视频素材。

（2）依次为分析后的视频素材创建实底和摄像机，调整实底的大小和位置等。

（3）将所有实底图层分别预合成，然后在预合成中隐藏"跟踪实底 1"图层，再在画面中输入文本，并为文本应用"描边"图层样式，将纯色图形替换为文本。

（4）新建调整图层，利用"照片滤镜"效果和"颜色平衡"效果调整所有视频画面的色调。

效果预览

栏目摄像机跟踪
特效

（5）制作片尾效果，在结尾处输入主题文本，利用缩放属性和不透明度属性制作渐显动画，再添加粒子线条素材并修改混合模式。

具体制作过程如图9-50所示。

①添加视频和音频素材并分析视频素材

图9-50　栏目摄像机跟踪特效制作过程

②创建实底和摄像机并调整实底

③将纯色图形替换为文本

④调整画面色调并制作片尾

图9-50　栏目摄像机跟踪特效制作过程（续）

实训 2　制作Logo打码蒙版跟踪特效

实训要求

（1）某电视剧拍摄了一段视频素材，其中货车的车身上出现了Logo，为避免出现版权问题，需要制作打码蒙版跟踪特效，使Logo以马赛克的形式出现。

（2）分辨率为1920像素×1080像素，时长在8秒左右，导出为MP4格式的视频文件。

操作思路

（1）选择合适的时间点为Logo创建蒙版，再分别向前和向后跟踪蒙版。

（2）根据画面内容修改不同时间点中的蒙版形状，可重复向前或向后跟踪蒙版的操作。

（3）为蒙版应用"马赛克"效果，并为水平块属性和垂直块属性制作关键帧动画。

具体制作过程如图9-51所示。

效果预览

Logo打码蒙版
跟踪特效

①创建蒙版　　　　　　　　　　　②跟踪并调整蒙版

③应用"马赛克"效果并制作关键帧动画

图9-51　Logo打码蒙版跟踪特效制作过程

实训 3　制作人物介绍字幕跟踪特效

实训要求

（1）为视频中的人物添加介绍字幕，并使字幕能跟随人物进行移动。

（2）分辨率为1920像素×1080像素，时长在8秒左右，导出为MP4格式的视频文件。

操作思路

（1）在视频素材中添加并调整跟踪点，然后生成相应路径。

（2）创建圆、两个大小不一的圆圈、线条和矩形，结合缩放属性、不透明度属性、修剪路径属性制作动画效果，在矩形内和下方输入文本并利用范围选择器制作从左至右逐渐显示的动画。

（3）利用跟踪点的运动路径为动态字幕制作跟踪特效。

具体制作过程如图9-52所示。

效果预览

人物介绍字幕
跟踪特效

①调整跟踪点　　　　　　　　　　②生成跟踪路径

图9-52　人物介绍字幕跟踪特效制作过程

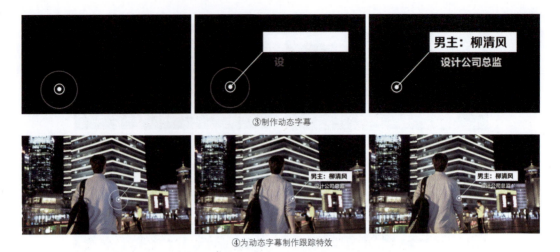

③制作动态字幕

④为动态字幕制作跟踪特效

图9-52 人物介绍字幕跟踪特效制作过程（续）

9.6 AI辅助设计

剪映 制作贴纸跟踪特效

在剪映中，结合贴纸和运动跟踪功能可以将贴纸附着于某个动态元素的表面，并使其随着该元素的行为进行变化。在影视后期领域，这个功能能够帮助制作人员快速遮盖视频素材中的特定内容。例如，使用剪映为小狗制作贴纸跟踪特效。

运动跟踪
使用方式：添加贴纸并调整时长 → 设置参数 → 调整跟踪大小 → 调整贴纸 　　　　　大小和位置 → 开始跟踪。 参数：跟踪方向、缩放、距离。

原视频素材如下。

跟踪方向：双向跟踪。

缩放（跟随选中物体缩放）：开启。

距离（跟随选中物体调节远近）：开启。

示例效果如下。

效果预览

贴纸跟踪特效

拓展训练

　　请参考上面提供的剪映的使用方法，尝试为小狗使用其他贴纸制作跟踪特效，提升对剪映的应用能力。

9.7 课后练习

1．填空题

（1）_____是指模仿真实摄像机的运动轨迹，将其他元素与实拍画面融合的特效。

（2）_____特效常应用于各种合成任务中，如去除画面中的瑕疵、替换背景、添加特效等。

（3）使用"3D摄像机跟踪器"命令为画面生成跟踪点后，可以利用_____参数调整跟踪点的显示大小。

（4）使用剪映制作贴纸跟踪特效的步骤有添加贴纸并调整时长、_____、调整跟踪大小、调整贴纸大小和位置、_____。

2．选择题

（1）【单选】使用"3D摄像机跟踪器"命令后，可以在（　　）面板中查看分析进度。

A．图层　　　　　　　　B．信息　　　　　　　　C．合成　　　　　　　　D．效果控件

（2）【单选】制作跟踪摄像机特效时，一个视频素材可以有（　　）个跟踪摄像机图层。

A．2　　　　　　　　　　B．1　　　　　　　　　　C．3　　　　　　　　　　D．很多

（3）【多选】使用运动跟踪时，跟踪点主要由（　　）组成。

A．附加点　　　　　　　B．特征区域　　　　　　C．跟踪区域　　　　　　D．搜索区域

（4）【多选】在"跟踪器"面板中设置蒙版跟踪时，可选的方法有（　　）。

A．位置　　　　　　　　　　　　　　　　　　B．缩放

C．缩放及旋转　　　　　　　　　　　　　　　D．透视

3. 操作题

（1）为牙刷广告片制作字幕跟踪特效，要求使字幕与画面内容对应，参考效果如图9-53所示。

效果预览

牙刷广告片字幕跟踪特效

图9-53　牙刷字幕跟踪特效的参考效果

（2）为"山水之韵"栏目制作片头，要求为栏目名称和"江流天地外""山色有无中"文本制作跟踪摄像机特效，参考效果如图9-54所示。

效果预览

片头跟踪摄像机特效

图9-54　片头跟踪摄像机特效的参考效果

（3）拍摄一段自己运动的视频，然后利用剪映在人脸处贴上贴纸，参考效果如图9-55所示。

效果预览

人脸贴纸跟踪运动特效

图9-55　人脸贴纸跟踪运动特效的参考效果

第  章

综合案例

在实际的影视后期合成与特效制作工作中，制作人员经常会接触到不同行业、不同风格的商业案例，这些案例不仅涵盖广泛的题材，还涉及不同的核心需求和创意设计。面对多样化的商业案例，制作人员不仅要具备扎实的技术功底，能够熟练使用相关软件和工具，还需要拥有敏锐的审美眼光和灵活的应变能力，这样才能制作出符合客户需求、具有市场竞争力的影视作品。

学习目标

▶ **知识目标**

◎ 欣赏专业的商业案例设计项目。
◎ 熟悉多个行业、多种类型的影视作品的制作技巧。

▶ **技能目标**

◎ 能够以专业的角度完成不同领域的影视后期项目。
◎ 能够综合运用 After Effects 的各项功能。

▶ **素养目标**

◎ 拓宽视野和思维，提升专业水平。
◎ 提高独立完成影视后期合成与特效制作商业项目的能力。

STEP 1　相关知识学习　　　　　　　建议学时：　1　学时

课前预习

1. 扫码了解影视后期领域制作人员的职业要求，提升对影视后期合成与特效制作行业的认识。
2. 搜索成体系的影视后期合成与特效案例，通过欣赏这些案例拓宽设计视野，激发创作灵感。

课前预习

STEP 2　案例实践操作　　　　　　　建议学时：　5　学时

商业案例

1. 《时光织梦》电视剧项目：制作电视剧片头、制作电视剧宣传广告片、制作雷雨天气特效。
2. 《科技未来》电影项目：制作电影预告片、制作电影片头文本特效、制作幕后拍摄Vlog、制作赛博朋克风格科幻特效。
3. 《美食小当家》栏目项目：制作美食栏目片头、制作美食栏目转场动画、制作字幕跟踪特效、制作美食展示三维特效、制作美食介绍短视频。

案例欣赏

10.1 《时光织梦》电视剧项目

《时光织梦》电视剧讲述了在快节奏与高强度的都市生活中，一群年轻人寻找自我、追寻梦想与真爱的故事。该电视剧现已拍摄结束，进入后期制作阶段。为了确保呈现出更好的效果，需开展与该电视剧相关的后期制作项目。

10.1.1 制作电视剧片头

为《时光织梦》电视剧制作一个片头，用于展示电视剧的名称、导演和主演等信息，使受众对该剧产生兴趣。

设计要求

（1）画面明亮、清新，采用具有创意的方式展示电视剧的相关信息。

（2）分辨率为1920像素×1080像素，时长在12秒左右，导出为MP4格式的视频文件。

设计思路

（1）利用蒙版将第一段素材画面以对角线为分割线拆分为两部分，然后为蒙版路径属性添加关键帧，制作向两侧逐渐展开的动画效果，引出下方素材的画面。

（2）在画面中输入电视剧名文本，利用蒙版为文本制作一个从左至右的渐显动画，引导受众视线。

（3）在剧名文本中间偏下一点的位置绘制一个矩形蒙版，使剧名文本呈现出被删减部分笔画的状态，然后在其中输入电视剧的英文名称，使整体更具设计感。

（4）先利用蒙版路径使剧名文本中的矩形蒙版从左至右进行显示，然后利用不透明度属性为英文名称制作渐显动画。

（5）在画面下方输入导演和主演的文本信息，并结合位置属性和不透明度属性制作向上移动的渐显动画，最终参考效果如图10-1所示。

效果预览

电视剧片头

图10-1　电视剧片头

图10-1 电视剧片头（续）

10.1.2 制作电视剧宣传片

为《时光织梦》电视剧制作一个宣传片，告知受众该剧的上线时间和平台，同时激发受众对剧情的好奇心。

设计要求

（1）剪辑电视剧中的精彩片段，字幕简洁明了，使受众对电视剧内容产生兴趣。

（2）分辨率为720像素×1280像素，时长在25秒左右，导出为MP4格式的视频文件。

设计思路

（1）剪辑多个视频素材，并调整部分素材的大小。

（2）使用"色阶"效果优化部分素材的画面色彩，提高整体亮度和对比度。

（3）为每个素材之间制作自然的过渡效果。

（4）新建竖版的合成，将制作好的横版视频拖曳到其中，复制横版视频，调整下方的图层大小并应用模糊效果，使其作为背景画面，加强画面的层次感。

（5）在画面上方输入电视剧的相关信息，并应用图层样式加强显示效果。

（6）在画面下方添加字幕，并添加黑色描边，最终效果如图10-2所示。

效果预览

电视剧宣传
广告片

图10-2 电视剧宣传广告片

图10-2 电视剧宣传广告片（续）

10.1.3 制作雷雨天气特效

为《时光织梦》电视剧中的某个关键片段制作雷雨天气特效，借助天气营造出压抑、紧张的氛围，使受众更深入地感受角色内心的挣扎和痛苦。

📑 设计要求

（1）闪电和雨需要符合雷雨天气的特征，效果逼真。

（2）添加闪电音效和下雨音效，先展现闪电画面，再展现闪电音效。

（3）分辨率为1920像素×1080像素，时长在5秒左右，导出为MP4格式的视频文件。

💡 设计思路

（1）添加视频素材，利用"亮度和对比度"效果调整画面的亮度和对比度，加强阴冷氛围。

（2）为视频素材应用"CC Rainfall"效果，制作下雨效果的特效，适当修改雨滴的密度和倾斜方向，使其更加逼真。

（3）添加闪电图像，修改混合模式使其融入画面，利用多个不透明度属性的关键帧制作不断闪烁的效果，增强闪电的真实感。

（4）添加调整图层，利用"照片滤镜"效果调整整体画面的色调，复制闪电图像中不透明度属性的关键帧，使其随着闪电发生变化，制作出画面跟随闪电闪烁的效果。

效果预览

雷雨天气特效

（5）添加闪电音效和下雨音效，裁剪闪电音效并复制一次该音效，根据闪电动画调整其播放位置，最终效果如图10-3所示。

图10-3　雷雨天气特效

10.2 《科技未来》电影项目

《科技未来》电影展示了一个未来科技高度发达的世界，在这个世界里，虚拟现实、人工智能等前沿技术已深度融入人们的日常生活，并对人类社会产生了深远的影响。该电影目前已进入后期制作及宣发阶段，因此需要开展相关项目，旨在提升画面美观度，并达到更好的宣传效果，进一步扩大其影响力。

10.2.1 制作电影预告片

为《科技未来》电影制作一个预告片，在短时间内将电影的信息传播给大量受众，迅速提升电影的知名度和影响力，吸引更多潜在受众的关注。

🗒 设计要求

（1）画面整体具有科技感，符合电影的基本基调。
（2）在预告片开始处营造一定的神秘感，引起受众的好奇心。
（3）分辨率为1920像素×1080像素，时长在16秒左右，导出为MP4格式的视频文件。

💡 设计思路

（1）添加3个城市视频素材，利用聚光灯分别为前两个视频模拟视线晃动的效果，并在晃动后显示画面的主体，加强视觉冲击力。

（2）利用"3D摄像机跟踪器"效果分析第3个视频素材的画面，并创建实底图层和摄像机图层，再替换实底图层的内容为"科技未来"文本，适当调整文本在画面中的位置和大小，加强该文本的视觉吸引力。

（3）添加人物素材和穿梭素材，体现出人物在现实世界和虚拟世界中穿梭的剧情。

（4）在后续的视频素材中添加字幕，用疑问句引发受众思考，从而激发其观看兴趣，最终效果如图10-4所示。

效果预览

电影预告片

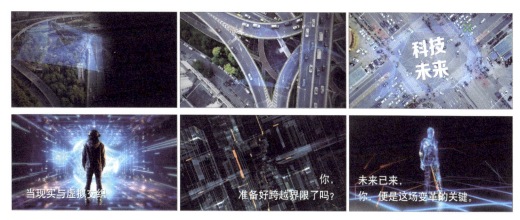

图10-4　电影预告片

10.2.2　制作电影片头文本特效

为《科技未来》电影设计一个片头文本特效，增强电影的吸引力，让受众在观看正式剧情前，加深对电影主题的理解。

📋 设计要求

（1）画面以蓝色调为主，营造出科技感。

（2）片头文本的出场设计具有视觉冲击力，并符合电影主题。

（3）分辨率为1920像素×1080像素，时长在5秒左右，导出为MP4格式的视频文件。

💡 设计思路

（1）添加并复制"数据流.mp4"素材，输入"科技未来"文本，使其中一个素材作为该文本图层的遮罩图层，以便后续制作描边特效。

（2）复制文本图层并将其置于遮罩图层下方，为该图层取消填充并添加蓝色描边，然后利用"发光"效果使其边缘发光。

（3）将描边的文本图层转换为形状图层，利用修剪路径属性使文本可以根据描边的路径逐渐显示，让文本的出现具有创意。

效果预览

电影片头文本
特效

（4）添加边框素材，先使用混合模式使其融入背景，再利用"色相/饱和度"效果将该素材调整为蓝色调。在边框放大后为遮罩图层制作渐显动画，避免边框与遮罩图层重合，最终效果如图10-5所示。

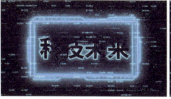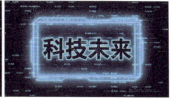

图10-5　电影片头文本特效

10.2.3 制作幕后拍摄Vlog

将拍摄的幕后花絮视频剪辑为Vlog，激发受众的好奇心和期待感，间接为电影进行宣传。

设计要求

（1）在片头处以疑问句开场，为画面添加简洁明了的字幕进行描述。

（2）分辨率为720像素×1280像素，时长在20秒左右，导出为MP4格式的视频文件。

设计思路

效果预览

幕后拍摄Vlog

（1）剪辑多个视频素材，保留符合Vlog主题的画面。

（2）针对某些显示不全的画面，利用位置属性的关键帧制作移动动画。

（3）为每个画面添加字幕，并利用动画预设使其逐渐显示，最终效果如图10-6所示。

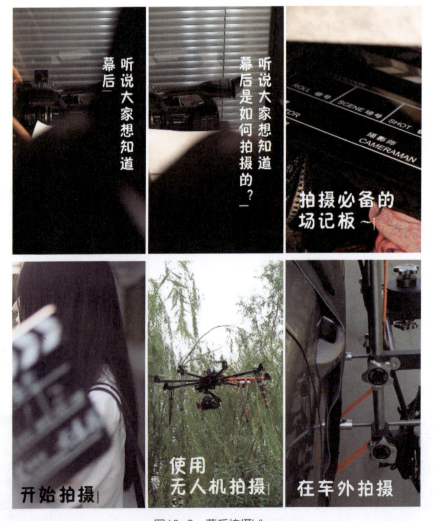

图10-6　幕后拍摄Vlog

10.2.4　制作赛博朋克风格科幻特效

为《科技未来》电影中的某个画面制作赛博朋克风格科幻特效，强化电影主题。

🗂 设计要求

（1）为视频画面添加动态元素，画面色调以蓝色和紫色为主。

（2）视频画面的色彩鲜艳、明亮，具有强烈的科技感。

（3）分辨率为1920像素×1080像素，时长在10秒左右，导出为MP4格式的视频文件。

✔ 设计大讲堂

　　赛博朋克是一种科幻流派和艺术风格，具有鲜明的视觉特点，这种风格的画面一般有较多的紫红色、蓝色、青色等色彩，并通过冷暖色调的对比营造出强烈的视觉冲击，常应用于网络、未来高科技、人工智能、虚拟现实等主题的影视作品中。制作人员在制作赛博朋克风格的影视作品时，可以巧妙运用色彩来构建一个充满未来感和神秘感的世界。

💡 设计思路

（1）利用"3D摄像机跟踪器"命令分析视频素材，根据跟踪点为视频画面中的各个区域创建实底以及摄像机。

（2）将所有实底替换为各个科技元素，调整大小、数量等，再使用"色相/饱和度"效果调整科技元素的色彩，使画面内容更加丰富。

（3）切换到总合成中调整科技元素的位置和大小，并修改混合模式，使其与画面更加融合。

效果预览

赛博朋克风格
科幻特效

（4）利用调整图层和"颜色平衡"效果调整画面的整体色调，增强视觉冲击力。

（5）添加具有科技感的电子音效素材，加强科技感，最终效果如图10-7所示。

图10-7　赛博朋克风格科幻特效

10.3 《美食小当家》栏目项目

随着人们生活水平的提高，美食栏目在近年来越来越受到观众的喜爱。《美食小当家》是一档以美食和旅游为看点的美食栏目，嘉宾在旅途中亲身体验当地独特的饮食文化，节目整体氛围轻松、愉快，让观众仿佛身临其境地感受不同的文化和风土人情。为了进一步提升《美食小当家》栏目的影响力，吸引更多受众，现决定开展一系列项目，旨在有效提升栏目的观赏性、互动性和传播力。

10.3.1 制作美食栏目片头

为《美食小当家》栏目制作一则具有吸引力的片头，准确传达该栏目的定位和特色，让受众对该栏目产生兴趣和期待。

设计要求

（1）片头要贴合栏目悠闲、轻松的氛围，采用MG动画风格，搭配轻快的背景音乐。
（2）内容具有创意，动画效果精美、流畅，画面简洁，并传递出关键信息。
（3）分辨率为1920像素×1080像素，时长在30秒左右，导出为MP4格式的视频文件。

设计大讲堂

MG的英文全称为"Motion Graphics"，可译为动态图形或者图形动画。MG动画融合了平面设计、动画设计和电影语言，表现形式丰富多样，具有极强的包容性，能和各种表现形式以及艺术风格混搭，以动态、有趣的方式吸引受众的注意力，增强信息的传达效果。

设计思路

（1）使用形状图层制作圆圈动画，复制图层并调整关键帧图表，使动画效果更加自然。
（2）利用形状图层和特殊效果制作背景逐渐显示和圆圈的旋转、缩放动画，增强画面的视觉冲击力，第一时间抓住受众视线。
（3）利用多种特殊效果模拟海平面的波浪，然后利用三维图层制作立体效果。
（4）分别搭建以"旅游"和"美食"为主题的场景，并为其中的各个元素制作动画，增强画面的趣味性。
（5）制作一个纸飞机的飞行动画作为过渡，并使纸飞机自动定向，再依次展示栏目Logo和主题。
（6）添加音频并调整音量，利用关键帧制作淡入淡出效果，最终效果如图10-8所示。

效果预览

美食栏目片头

图10-8　美食栏目片头

10.3.2　制作美食栏目转场动画

为《美食小当家》栏目制作一个转场动画，用于在进入广告时提示受众"稍后回来"。

设计要求

（1）动画效果自然流畅，色彩饱和，具有吸引力，能营造轻松、有趣的氛围，最后再展示提示文本。

（2）分辨率为1920像素×1080像素，时长在20秒左右，导出为MP4格式的视频文件。

设计思路

（1）绘制3个不同颜色、与合成等大的矩形，利用修剪路径属性依次制作矩形逐渐消失的动画。

（2）绘制一个其他颜色的矩形，利用扭转属性制作矩形逐渐扭转的动画，与步骤（1）中制作的动画形成具有设计感和动感的画面。

效果预览

美食栏目转场动画

（3）在画面中心绘制一个圆，结合"收缩和膨胀"效果、缩放属性、不透明度属性制作圆变形和渐显、消失的动画，丰富画面内容。

（4）绘制多个图形作为装饰，并利用缩放属性制作闪烁的动画效果。

（5）在画面中输入文本，并利用缩放属性制作渐显动画，最终效果如图10-9所示。

图 10-9　美食栏目转场动画

图10-9　美食栏目转场动画（续）

10.3.3 制作字幕跟踪特效

为一段麻辣鱼片的美食视频制作字幕跟踪特效，增强受众的观看体验。

设计要求

（1）字幕跟随画面中的特定区域进行移动，文本突出。

（2）分辨率为1920像素×1080像素，时长在28秒左右，导出为MP4格式的视频文件。

设计思路

（1）添加视频素材，并将其根据画面内容拆分为3段，便于后续跟踪运动时节省内存。

（2）查看第1段视频素材，打开"跟踪器"面板，将跟踪点设置到碗中的鱼肉上，然后创建跟踪路径。

（3）新建字幕合成，绘制白色线条，输入"麻辣鱼片"文本，为它们应用"投影"图层样式。

（4）利用修剪路径属性为白色线条制作从右至左的绘制动画，利用蒙版为文本制作从上至下逐渐显示的效果。

效果预览

字幕跟踪特效

（5）使用相同的方法为第2段视频制作"口感滑嫩 麻辣鲜香"文本的跟踪特效，最终效果如图10-10所示。

图10-10　字幕跟踪特效

10.3.4 制作美食展示三维特效

为丰富视觉效果，需要为《美食小当家》栏目中的美食展示环节制作具有创意的三维特效，使其快速吸引受众视线。

设计要求

（1）画面美观，模拟真实的灯光效果以加强立体感。

（2）分辨率为1280像素×720像素，时长在8秒左右，导出为MP4格式的视频文件。

设计思路

（1）将所有素材拖入"时间轴"面板中，分别预合成为对应名称的图层，并将所有预合成图层转换为三维图层。

（2）切换至"顶部"视图，通过调整y轴旋转属性将6个三维图层拼成一个类似圆柱体的组合形状，然后将它们与一个空对象图层绑定父子关系，便于后续直接控制方向。

效果预览

美食展示三维
特效

（3）将空对象图层的锚点移至组合形状的中心位置，并为空对象图层的y轴旋转属性添加关键帧，制作出旋转的动态效果。

（4）创建一个平行光和一个双节点摄像机，并开启不同视图来调整位置属性，最终效果如图10-11所示。

图10-11　美食展示三维特效

10.3.5 制作美食介绍短视频

临近元宵节，《美食小当家》栏目的官方账号准备在某短视频平台中发布介绍汤圆的短视频，因此需要制作竖版短视频。

设计要求

（1）按照汤圆的制作顺序剪辑视频素材，并确保制作步骤的展示画面清晰。

（2）添加讲解汤圆相关知识的配音，并搭配简洁明了的字幕，让受众更好地理解短视频想要传达的内容。

（3）添加较为舒缓的背景音乐以及具有趣味性的音效。

（4）分辨率为720像素×1080像素，时长在20秒左右，导出为MP4格式的视频文件。

设计思路

（1）添加视频素材并分别调整入点和出点，控制短视频的总时长。

（2）在煮汤圆的视频片段处添加多个钟表音效，为视频增添活力。

（3）新建竖版合成，拖曳制作好的视频到其中，在画面下方添加Q版的汤圆插画，提升画面美观度的同时点明短视频主题。

（4）在画面上方输入短视频主题文本，强调短视频所传达的内容。

（5）添加配音素材，根据配音内容在画面下方依次输入字幕，并调整入点和出点，最终效果如图10-12所示。

效果预览

美食介绍短视频

图10-12　美食科普短视频